IHR BONUS wartet auf Sie zum Download auf www.kleingewerbe-anmelden.org

Umfangreiches Bonusmaterial, Vorlagen und Anleitungen warten auf Sie, wie zum Beispiel:

- ☑ Online-Training zum Fragebogen zur steuerlichen Erfassung,
- ☑ Online-Training zur Umsatzsteuer und Kleinunternehmer-Regelung,
- ☑ Businessplan-Vorlage,
- ☑ Rechnungsvorlage für Kleinunternehmer
- ☑ und vieles mehr.

Andreas Görlich:
Kleingewerbe anmelden – Existenzgründung für Kleinunternehmen
Alles über Behördengänge, Rechtsform, Büroorganisation, Buchhaltung & Steuern, Businessplan u. v. m.

2. Auflage
Lektorat: Dr. Lena Lindhoff
Layout & technische Umsetzung: Jeannette Zeuner
Covergestaltung: Martin Bauer, Bild von Adobe Stock

ISBN Print: 978-3-944043-11-1
ISBN E-Book: 978-3-944043-12-8

Die Angaben entsprechen dem Wissensstand bei Redaktionsschluss im März 2025. Es wird darauf hingewiesen, dass alle Angaben in diesem Fachbuch trotz sorgfältiger Bearbeitung ohne Gewähr erfolgen und eine Haftung des Autors oder des Verlags ausgeschlossen ist.

Bibliografische Information der Deutschen Nationalbibliothek:
Die Deutsche Nationalbibliothek verzeichnet diese Publikation in der Deutschen Nationalbibliografie; detaillierte bibliografische Daten sind im Internet über http://dnb.d-nb.de abrufbar.

Andreas Görlich

Kleingewerbe anmelden

Existenzgründung für Kleinunternehmen

Alles über Behördengänge, Rechtsform, Büroorganisation, Buchhaltung & Steuern, Businessplan u. v. m.

kompakt | praxisnah | verständlich

Inhaltsverzeichnis

Der schlimmste Fehler in diesem Leben ist, ständig zu befürchten, dass man einen macht.

– Elbert Hubbard

Vorwort

Sie haben sich selbstständig gemacht oder stehen vor dem Sprung in die Selbstständigkeit? Eine mutige Entscheidung, die Respekt verdient und Engagement erfordert – eine Herausforderung und Chance zugleich. Existenzgründungen sind vor allem dann erfolgreich, wenn sie gut überlegt und sorgfältig geplant sind.

Mit diesem Ratgeber bekommen Sie einen Überblick über die wichtigsten Herausforderungen und Stolpersteine, die Ihnen auf dem Weg in die Selbstständigkeit begegnen.

Sie lernen, wie Sie das Fundament für Ihre Selbstständigkeit von Anfang an richtig legen und die Weichen so stellen, dass Sie mit Ihrem Kleingewerbe erfolgreich durchstarten und auch erfolgreich selbstständig bleiben. Statt grauer Theorie und Juristendeutsch bekommen Sie das erforderliche Fachwissen gut verständlich und praxisnah präsentiert.

Beachten Sie: Nur durch das Lesen eines Ratgebers werden Sie kein erfolgreicher Unternehmer. Das Geheimnis ist die Umsetzung. Und für die sind Sie allein verantwortlich! Es ist besser, etwas nur zu 80 Prozent umzusetzen als zu 100 Prozent gar nicht!

Mein Anspruch beim Schreiben war, einen Helfer aus der Praxis für die Praxis zu schaffen, nach dessen Lektüre Sie wissen, worauf es ankommt!

Bei der Auswahl der Themen gerät man zwangsläufig in ein Dilemma: Es gibt unendlich viel Interessantes und Nützliches, aber ebenso viel, das für die Praxis wenig hilfreich ist. Was also erwähnen, was weglassen? Aus dieser Themenbreite habe ich ausgewählt, was sich in meiner Erfahrung aus meiner Selbstständigkeit, meiner Steuerberaterpraxis und Dozententätigkeit für Selbstständige und Kleinunternehmen als wichtig und typisch erwiesen hat. Deshalb finden Sie hier keine Sonderfälle oder exotischen Tipps, die mit Ihrem Tagesgeschäft wenig bis gar nichts zu tun haben, sondern alltagstaugliches Praxiswissen.

Für diesen Ratgeber erhalte ich wahrscheinlich keinen literarischen Ritterschlag, aber wenn ich Ihnen damit helfen kann, den Sprung in die Selbstständigkeit erfolgreich zu meistern, dann ist das eine angemessene Wertschätzung meiner Arbeit.

Viel Spaß beim Lesen!

Ihr Andreas Görlich

Für Anregungen, Kritik und Fragen bin ich immer offen – schreiben Sie mir unter hallo@steuern-aber-lustig.de.

Übrigens: Wenn ich in diesem Buch die männliche Form und Anrede verwende, sind damit selbstverständlich Personen jeglichen Geschlechts gemeint; zugunsten des Leseflusses habe ich mich aber gegen das „Gendern“ entschieden.

KAPITEL I

Das Kleingewerbe

IN DIESEM TEIL ERFAHREN SIE …

- warum eine gute Vorbereitung das A und O für den Erfolg Ihrer Selbstständigkeit ist,
- zu welcher Art Sie gehören: ob Sie Gewerbetreibender oder Freiberufler sind und was das ganz konkret und finanziell für Sie bedeutet.

Wir denken selten an das, was wir haben, aber immer an das, was uns fehlt.

– Arthur Schopenhauer

Vorbereitung ist das A und O

In Deutschland machen sich jedes Jahr über 500.000 Menschen beruflich selbstständig. Mehr als die Hälfte startet im Rahmen eines Kleingewerbes. Im Laufe von drei Geschäftsjahren beenden rund 30 % der Gründer Ihre unternehmerische Laufbahn wieder, nach fünf Jahren hat rund die Hälfte das „Handtuch geschmissen" (Quelle: KfW-Gründungsmonitor 2021).

Ganz gleich, ob Sie sich hauptberuflich oder nebenberuflich selbstständig machen, ob Sie Ihr Business neben dem Studium, aus einer Festanstellung oder der Arbeitslosigkeit heraus starten, alle Gründungen haben einen gemeinsamen Erfolgsfaktor: die Vorbereitung. Der Sprung in die Selbstständigkeit darf für Sie nicht zu einem unkalkulierbaren Abenteuer werden. Je durchdachter und detaillierter Ihre Gründungsplanung ist, desto größer die Chance, dass Ihr Vorhaben zum gewünschten Erfolg führt.

Sie werden in Ihrer Gründungsphase Fehler machen und Lehrgeld bezahlen. Das bleibt nicht aus. Doch Sie können aktiv gestalten, wie viel Lehrgeld Sie zahlen. Je besser Sie vorbereitet sind, desto wahrscheinlicher ist, dass Sie erfolgreich starten und auch erfolgreich selbstständig bleiben.

Machen Sie nicht jeden Fehler selbst. Lernen Sie von anderen Selbstständigen, holen Sie professionellen Rat ein und diskutieren Sie mit Freunden und Bekannten über Ihr Geschäftsvorhaben. Sprechen Sie vor allem mit Ihrer Familie. Sie muss Ihr Vorhaben unterstützen. Stellen Sie Ihre Geschäftsidee auf den Prüfstand. Jedes Feedback, das Sie bekommen können, ist wertvoll und bringt Sie voran. Andere sehen Ihre Geschäftsidee aus einer anderen Perspektive und entdecken so vielleicht Schwachstellen und Risiken, die Sie in Ihrer Begeisterung und durch Ihre „rosarote Brille" nicht sehen. Wie heißt es so schön: „Der Wurm muss dem Fisch schmecken, nicht dem Angler."

Lesen Sie Fachliteratur (mit diesem Ratgeber haben Sie schon mal eine sehr gute Wahl getroffen) oder informieren Sie sich auf Existenzgründerportalen. Nutzen Sie Beratungen und besuchen Sie Existenzgründerseminare. Legen Sie die Einstellung „Das schaffe ich schon allein" beiseite. Gönnen Sie sich etwas Gutes und holen Sie sich einen erfahrenen Berater mit an Bord. Dafür müssen Sie zwar Geld in die Hand nehmen, aber gute Beratung spart in der Regel mehr, als sie kostet. Mit professioneller Unterstützung kommen Sie schneller voran, erhalten hilfreiche Tipps und vermeiden Fehler im Voraus. Ein Berater kann mit seinem Fachwissen und seiner Erfahrung Ihr Geschäftsvorhaben kritisch beleuchten und aus einem objektiven Blickwinkel besser einschätzen, wie viel Potenzial Ihr Vorhaben tatsächlich hat. Und im Zweifel auch von Ihrer Geschäftsidee abraten.

Die beste Vorbereitung für Ihren Unternehmensstart ist die intensive Beschäftigung mit Ihrem Businessplan. Mit einem sorgfältig ausgearbeiteten Businessplan legen Sie den Grundstein für Ihre erfolgreiche Gründung und vermeiden vorzeitiges Scheitern durch mangelnde Vorbereitung.

Nehmen Sie sich ausreichend Zeit für Ihre Planung, schließlich geht es um Ihre Existenz, Ihre Lebensenergie, Ihr Geld, das Sie in das Projekt Selbstständigkeit investieren.

Verlieren Sie sich aber auch nicht in Perfektionismus. Perfektionismus führt dazu, dass Hunderttausende Geschäftsideen nicht umgesetzt werden und wieder in der Schublade verschwinden. Warten Sie nicht auf den perfekten Moment. Der kommt nicht. Wer immer nur plant und nichts umsetzt, der sieht der Konkurrenz bald nur noch hinterher. *Done is better than perfect* – das bedeutet so viel wie: Setzen Sie lieber etwas um, was noch nicht zu 100 Prozent ausgeklügelt ist, als immer weiter abzuwarten und es letztlich überhaupt nicht umzusetzen.

Oder anders ausgedrückt, mit den Worten des berühmten Mark Twain: „Das Geheimnis des Erfolgs ist anzufangen."

Der Pessimist sieht in jeder Aufgabe ein Problem. Der Optimist sieht in jedem Problem eine Aufgabe.

– Petrus Abaelardus

Was ist ein Kleingewerbe?

Was ist ein Gewerbe? Und wann bin ich noch klein, wann bin ich schon „erwachsen"?

Eine genaue gesetzliche Definition des Begriffs Gewerbe existiert nicht. Die Rechtsprechung hat jedoch die folgenden Merkmale herausgearbeitet, die zu jedem Gewerbe gehören. Als Gewerbe gilt

1. eine selbstständige Tätigkeit,
2. die auf Dauer angelegt ist,
3. der Erzielung von Gewinnen dient
4. und nicht in den Zweig der „freien Berufe" oder der Land- und Forstwirtschaft fällt.

Mit anderen Worten: Sie betreiben ein Gewerbe, sobald Sie auf regelmäßiger Basis eine selbstständige, gewinnorientierte Tätigkeit auf eigenen Namen und eigene Rechnung ausüben und dabei weder Landwirt noch Forstwirt sind noch einen „freien Beruf" ausüben. Was Letzteres ist? Erfahren Sie gleich.

Typische Gewerbetreibende sind Handwerker, Gastwirte, Groß- und Einzelhändler, Makler, Versicherungs- und Vermögensberater und die meisten Dienstleister. Von dem Anwendungsbereich der Gewerbeordnung sind explizit Freiberufler (wie zum Beispiel Ärzte, Architekten, Ingenieure, Steuerberater, Rechtsanwälte oder Journalisten) oder auch Land- und Forstwirte ausgenommen, für sie gelten besondere Vorschriften. Wenn Sie einen klassischen Gewerbeberuf ausüben, ist die

Frage „Gewerbetreibender oder Freiberufler?“ schnell beantwortet. Doch in der Praxis ist in vielen Fällen die Abgrenzung zwischen Gewerbetreibendem und Freiberufler nicht einfach. Wo die Trennlinie verläuft, erfahren Sie später in dem Kapitel „Der Unterschied zwischen Gewerbetreibendem und Freiberufler – was bin ich?“.

Was ist der Unterschied und wie ist die Abgrenzung zwischen einem „kleinen“ und einem „normalen“ Gewerbe?

Der Begriff „Kleingewerbe“ existiert weder im Handelsgesetzbuch noch in der Gewerbeordnung als offizielle Unternehmensform. Der Name drückt lediglich aus, dass die selbstständige Tätigkeit im „geringen wirtschaftlichen Umfang“ ausgeübt wird. Dabei kann das Gewerbe sowohl hauptberuflich als auch nebenberuflich betrieben werden.

Das Kriterium für die Abgrenzung zwischen Kleingewerbe und normalem Gewerbe ist die Kaufmannseigenschaft. Wer als Kaufmann gilt, ist im § 1 des Handelsgesetzbuchs (HGB) geregelt. Danach ist Kaufmann, wer einen nach Art oder Umfang in kaufmännischer Weise eingerichteten Geschäftsbetrieb führt. Diese gesetzliche Definition ist sehr schwammig und öffnet einen großen Interpretationsspielraum. Für die Beurteilung sollen nach der Rechtsprechung mehrere Faktoren wie beispielsweise Umsatz, Gewinn, Betriebsvermögen, Mitarbeiter, Branche oder Kreditvolumen berücksichtigt werden. Entscheidend für die Einstufung ist letztlich das Gesamtbild der Verhältnisse. Für die Praxis ist es sehr unbefriedigend, dass das HGB keine klaren Grenzen vorgibt, auf deren Grundlage sich die Frage nach der Kaufmannseigenschaft eindeutig klären lässt. Einen Anhaltspunkt und Zahlenwerte liefert das Handelsgesetzbuch im § 241a „Befreiung von der Pflicht zur Buchführung und Erstellung eines Inventars“. Diese Vorschrift regelt zwar originär, welche Einzelkaufleute der doppelten Buchführung (Bilanzierung) unterliegen, jedoch in der Praxis wird die Regelung gerne genutzt, um die Grenze zwischen „Kleingewerbetreibendem“ und „Kaufmann“ zu ziehen. Danach gilt als „Kleingewerbetreibender“, der nicht zur „doppelten Buchführung“ verpflichtet ist, wer in zwei aufeinanderfolgenden Geschäftsjahren nicht mehr als jeweils 800.000 € Umsatzerlös und jeweils 80.000 € Jahresüberschuss erwirtschaftet. Anders ausgedrückt: Bei Überschreiten eines Schwellenwerts gelten Sie nicht mehr als Kleingewerbetreibender.

Eine ähnliche Grenze aufgrund bestimmter Grenzwerte, wenn auch im Detail leicht abweichend, zieht das Finanzamt. Nach § 141 der Abgabenordnung sind Gewerbetreibende von der Bilanzierungspflicht befreit, wenn ihr Betrieb die Umsatzgrenze von 800.000 € und die Gewinngrenze von 80.000 € nicht überschreitet.

Kleingewerbe unterliegt nicht den Vorschriften des HGB

Kleingewerbetreibende profitieren davon, dass sie nicht den Vorschriften des Handelsgesetzbuchs und anderen kaufmännischen Spezialvorschriften unterliegen. Das Handelsgesetzbuch schreibt eine Vielzahl von Bestimmungen vor, die mit hohem Verwaltungsaufwand verbunden sind, wie zum Beispiel die Aufstellung eines Inventars, die doppelte Buchführung sowie die Veröffentlichung von Jahresabschlüssen im Bundesanzeiger. Dieser administrative Aufwand kostet im Geschäftsalltag jede Menge Zeit und Geld. Zudem unterstellt der Gesetzgeber Kaufleuten ein höheres Maß an kaufmännischer Kompetenz und nimmt sie strenger in die Verantwortung für ihr Tun und Handeln. Im Vergleich dazu gewährt er Kleingewerbetreibenden weitaus mehr Schutz. Für Kleingewerbetreibende gelten die weniger strengen Regelungen des Bürgerlichen Gesetzbuchs (BGB).

ACHTUNG BEI NEBENGEWERBE UND ANGESTELLTENVERHÄLTNIS

Falls Sie zusätzlich zu Ihrem Angestelltenverhältnis ein Nebengewerbe betreiben wollen, sollten Sie vorab einen Blick in Ihren Arbeitsvertrag werfen. Regelmäßig ist darin geregelt, dass Sie verpflichtet sind, Ihrem Arbeitgeber mitzuteilen, wenn Sie ein Nebengewerbe betreiben oder einem anderen Nebenjob nachgehen. Ob vertraglich geregelt oder nicht, Sie sollten in jedem Fall Ihren Arbeitgeber informieren, um Ärger zu vermeiden. In den meisten Fällen kann der Arbeitgeber Ihnen das Betreiben des Nebengewerbes nicht verbieten. Problematisch ist es allerdings, wenn Sie sich mit Ihrem Nebengewerbe in der gleichen Branche wie Ihr Arbeitgeber bewegen, vergleichbare Produkte und Dienstleistungen anbieten, also Konkurrenz darstellen.

Kleingewerbe steuerfrei? Mythos und Wahrheit

In der Praxis geistert ein Mythos über das Kleingewerbe herum, den ich unbedingt aufklären muss. Ich höre immer wieder die Aussage von Gründungswilligen: „Ich melde ein Kleingewerbe an, dann kann ich 25.000 € pro Jahr verdienen, ohne Steuern zu zahlen und Buchhaltung zu machen." Als Steuerberater sträuben sich mir gleich die Nackenhaare, wenn ich solches Halbwissen zu hören bekomme. Ich frage dann immer: „Glaubst du wirklich, du kannst 25.000 € im Jahr verdienen, ohne dass Vater Staat einen Teil davon abhaben will und ohne dass du dem Fiskus darüber berichten musst?" Dann herrscht mehrere Sekunden Stille, man sieht förmlich, wie die Synapsen im Hirn losrattern und der Prozessor auf Hochtouren kommt. Bei Tageslicht betrachtet kommt dann schnell die Erkenntnis, dass dies nur eine Wunschvorstellung ist, zwar eine schöne, aber eben nicht Realität. Ein Mythos!

An dieser Stelle ganz deutlich: Auch als Kleingewerbetreibender sind Sie Zwangsmitglied beim Finanzamt. Mit Ihrem Kleingewerbe sind grundsätzlich die gleichen steuerlichen Pflichten verbunden, denen auch „vollwertige" Unternehmen unterliegen: Sie müssen dem Finanzamt regelmäßig Bericht erstatten und Steuern zahlen. Auch die ersten Behördengänge sind die gleichen. Richtig ist, dass Sie, wenn Ihr Unternehmen gewisse Umsatz- und Gewinngrenzen nicht überschreitet, bürokratische und steuerliche Erleichterungen in Anspruch nehmen können.

Aber woher kommt jetzt dieser Mythos, der sich so hartnäckig hält?

In der Alltagssprache werden die Begriffe Kleingewerbe und Kleinunternehmen gerne synonym verwendet bzw. verwechselt. Sie klingen ähnlich, unterscheiden sich aber im Detail. Die Kleinunternehmerregelung ist eine rein umsatzsteuerliche Vorschrift (§ 19 UStG), die regelt, unter welchen Voraussetzungen Unternehmen keine Umsatzsteuer zahlen müssen. Um ein umsatzsteuerlicher Kleinunternehmer zu sein, müssen Sie nicht zwingend ein Kleingewerbe führen, und als Kleingewerbetreibender brauchen Sie nicht in jedem Fall die Kleinunternehmerregelung zu wählen.

Die Kleinunternehmerregelung gewährt Ihnen eine umsatzsteuerliche Erleichterung, und zwar in Form eines Wahlrechts: Sie müssen Ihren Kunden keine Umsatzsteuer in Rechnung stellen (also die bekannten 19 % on top, umgangssprachlich auch Mehrwertsteuer genannt, die das Finanzamt normalerweise mitkassiert). Und Sie sparen sich die llästigen Umsatzsteuervoranmeldungen und Umsatzsteuererklärungen. Umgekehrt bedeutet das aber auch, dass Sie die Umsatzsteuer, die Sie selbst für Ihre Lieferantenrechnungen bezahlen (auch Vorsteuer genannt), nicht vom Finanzamt zurückerstattet bekommen.

Als umsatzsteuerlicher Kleinunternehmer gelten Sie, wenn Ihre Umsätze bestimmte Grenzen nicht überschreiten, genauer:

- wenn Ihr Gesamtumsatz im Vorjahr unter 25.000 € lag und
- im laufenden Jahr die Umsatzmarke von 100.000 € nicht überschreitet.

Die Kleinunternehmerregelung wird oftmals dahingehend falsch interpretiert, dass der Kleingewerbetreibende, sofern er unter der Umsatzgrenze von 25.000 € bleibt, überhaupt keine Steuern zahlen müsse. Aber das stimmt natürlich nicht, es gilt nur für die Umsatzsteuer.

Auch wenn Sie die umsatzsteuerliche Kleinunternehmerregelung in Anspruch nehmen, gibt es noch andere Steuerarten wie die Gewerbesteuer und die Einkommensteuer, denen der Kleingewerbetreibende unterliegt. Als Gewerbetreibender sind Sie grundsätzlich gewerbesteuerpflichtig. Sie zahlen aber erst Gewerbesteuer, wenn Ihr jährlicher Gewinn aus dem Gewerbe den Freibetrag von 24.500 € überschreitet. Davon sind Sie als gewerblicher Kleinunternehmer also auch befreit.

Bleibt noch die Einkommensteuer: Den Gewinn aus Ihrem Kleingewerbe versteuern Sie zusammen mit Ihren anderen Einkünften (z. B. aus Angestelltentätigkeit, aus Vermietung und Verpachtung, aus Rentenbezug) im Rahmen der Einkommensteuer. Der Grundfreibetrag für Ihr gesamtes Jahreseinkommen liegt aktuell bei 12.096 € (2025). Alles, was Sie darüber hinaus verdienen, muss versteuert werden. Noch mal: Die Einkommensteuer greift auf Ihre gesamten Einkunftsquellen zu, nicht nur auf die Einkünfte Ihres Gewerbebetriebs. Üben Sie zum Beispiel im Haupterwerb eine Angestelltentätigkeit aus, dann überschreitet wahrscheinlich das Einkommen hieraus schon den Grundfreibetrag mit der Folge, dass Sie bereits auf den ersten verdienten Euro aus Ihrem Kleinbetrieb Einkommensteuer zahlen müssen. Der fällige Einkommensteuersatz hängt unter anderem von der Höhe Ihres Gesamteinkommens ab.

Zusammengefasst: Wenn Sie Ihr Kleingewerbe starten, sollten Sie nicht dem Irrglauben verfallen, dass dieses per se steuerfrei ist. Im Gegenteil, die überwiegende Mehrzahl der Kleingewerbetreibenden wird Steuern zahlen, zumindest Einkommensteuer. Nur die Chance, dass Gewerbe- und Umsatzsteuer nicht anfallen, ist aufgrund der Freibeträge höher. Auf jeden Fall müssen Sie Steuererklärungen abgeben, damit das Finanzamt berechnen kann, ob Steuern entstehen oder nicht (mehr zum Thema Steuern später).

Zum anderen wird der Mythos durch das **Handelsgesetzbuch** (HGB) befeuert. Aufgrund ihres geringen Geschäftsumfangs sind Kleingewerbetreibende keine Kaufleute im Sinne des § 1 HGB. Sie genießen damit unter anderem den Vorteil, dass sie nicht zur doppelten kaufmännischen Buchführung verpflichtet sind und damit auch keine Bilanzen erstellen müssen. In der Praxis wird das oft in dem Sinne missverstanden, dass Kleingewerbetreibende von lästigen Buchhaltungsarbeiten befreit sind. Na ja, sind wir mal ehrlich. Wir leben in Deutschland. Wir sind Weltmeister in der Disziplin Steuern, seit Jahrzehnten ungeschlagen. Das deutsche Steuersystem strotzt nur so vor Superlativen. Mehr als 90.000 steuerliche Normen (Gesetze, Richtlinien, Erlasse) und unzählige Gerichtsurteile machen das deutsche Steuersystem weltweit konkurrenzlos. Glauben Sie vor diesem Hintergrund tatsächlich, dass man sich von lästigen Buchhaltungsarbeiten befreien lassen kann? Nein, auch Kleingewerbetreibende müssen Rechnungen schreiben, ihre Einnahmen- und Ausgabenbelege vollständig sammeln und ordnen, ihren Gewinn feststellen und Steuerklärungen rechtzeitig abgeben. Richtig ist, dass Sie als Gewerbetreibender den Aufwand einer doppelten Buchführung nicht betreiben müssen, sondern die einfache Buchführung (Einnahmen-Überschuss-Rechnung) durchführen dürfen. Der Name lässt es vermuten: Die doppelte Buchführung ist grundsätzlich „doppelt“ so aufwendig. Das Kleingewerbe hat damit eine Erleichterung im Hinblick auf die Gewinnermittlung, aber lästige Buchhaltungsarbeiten bleiben ihm nicht vollständig erspart.

Halten wir Folgendes fest: Der Mythos, dass das Kleingewerbe generell steuerfrei ist und dass keine Pflichtmitgliedschaft beim Finanzamt besteht, stimmt nicht. Wenn gewisse Umsatz- und Gewinngrenzen nicht überschritten werden, gelten für das Kleingewerbe aber bürokratische und steuerliche Begünstigungen, die den Start in die Selbstständigkeit erleichtern.

Vor- und Nachteile eines Kleingewerbes

Wie so häufig im Leben und im Geschäftsalltag gibt es nicht nur Vorteile, sondern auch Nachteile. Die Vor- und Nachteile finden Sie nachfolgend im Überblick dargestellt. So können Sie im Hinblick auf Ihr Geschäftsvorhaben und Ihre persönlichen Präferenzen schnell abwägen, ob die Gründung eines Kleingewerbes für Sie infrage kommt. Mehr Details finden Sie in den jeweiligen Kapiteln.

Die Vorteile eines Kleingewerbes

- ☑ Es ist ideal zum Einstieg in die nebenberufliche Selbstständigkeit oder zum Testen von Geschäftsideen.
- ☑ Ein Kleingewerbe lässt sich einfach und kostengünstig gründen, weder sind komplizierte Gesellschaftsverträge notwendig, noch ist die Beauftragung eines Notars erforderlich.
- ☑ Es ist kein festes Gründungskapital erforderlich in Form von hohen Einlagen auf das gesetzlich vorgeschriebene Stammkapital.
- ☑ Das Kleingewerbe unterliegt nicht den Vorschriften des Handelsgesetzbuchs und anderen kaufmännischen Spezialvorschriften, sondern es gelten die weniger strengen Regelungen des Bürgerlichen Gesetzbuchs (BGB).
- ☑ Der Kleingewerbetreibende ist befreit von der Aufstellung eines Inventars, der doppelten Buchführung, der Veröffentlichung von Jahresabschlüssen im Bundesanzeiger; er muss nur die einfache Buchführung (Einnahmen-Überschuss-Rechnung) durchführen.
- ☑ Bei Einhaltung der Umsatzgrenzen kann die umsatzsteuerliche Kleinunternehmerregelung in Anspruch genommen werden. Sie

müssen dann keine Umsatzsteuer erheben und können dadurch Ihre Ware und Ihre Leistungen um die ersparte Umsatzsteuer günstiger anbieten (beachten Sie: kann auch Nachteile bringen). Es sind keine unterjährigen Umsatzsteuervoranmeldungen abzugeben und die Umsatzsteuererklärung ist schnell gemacht.

- ☑ In den meisten Fällen fällt keine Gewerbesteuer an.

Die Nachteile eines Kleingewerbes

- ☒ Sie haften als Kleingewerbetreibender auch mit Ihrem Privatvermögen für Ihr Unternehmen.
- ☒ Der Kleingewerbetreibende ist bei der Firmierung bzw. der Namensgebung eingeschränkt, Sie dürfen nur mit eigenem Namen firmieren (höchstens ein satzgerechter Zusatz ist zulässig). Ein Fantasiename für Ihr Kleingewerbe ist nicht erlaubt.
- ☒ Imagegrund: Als Kleingewerbetreibender werden Sie geschäftlich nicht immer für „vollwertig" genommen, so kann schon einmal ein Auftrag verloren gehen, weil andere Unternehmer die Geschäftsbeziehungen mit kaufmännischen Unternehmern vorziehen.
- ☒ Bei der Wahl der Kleinunternehmerregelung entfällt das Recht auf Vorsteuerabzug. Durch den Vorsteuerabzug werden Investitionen und Ausgaben günstiger, sie verbilligen sich nämlich um die Vorsteuer, die Sie vom Finanzamt zurückerstattet bekommen. Gerade in der Startphase tätigen viele Gründer umfangreiche Anschaffungen, die dann durch den fehlenden Vorsteuerabzug teurer sind.

Der Unterschied zwischen Gewerbetreibendem und Freiberufler – was bin ich?

Zwischen Gewerbetreibendem und Freiberufler gibt es vielfältige rechtliche und steuerliche Unterschiede: beispielsweise, in welcher Behörde die selbstständige Tätigkeit angemeldet werden muss, ob sie gewerbesteuerpflichtig ist und wie die Gewinnermittlung erfolgt.

Die Frage „Was bin ich?" kann in vielen Fällen nicht ohne Weiteres beantwortet werden. Wo verläuft die Trennlinie, um Freiberufler von Gewerbetreibenden zu unterscheiden? Allgemein gilt: Kennzeichnend für die freiberufliche Tätigkeit ist der vorrangige Einsatz der geistigen und persönlichen Arbeitsleistung. Bei Freiberuflern tritt der Einsatz von Kapital in Form von Waren oder Maschinen in den Hintergrund. Stattdessen spielt bei ihnen oft ein hohes Maß an beruflicher oder akademischer Qualifikation oder eigenschöpferischer Begabung eine wichtige Rolle.

Die Grenzen verlaufen nicht immer eindeutig und sind oft fließend. Wie ist beispielsweise die genaue Abgrenzung zwischen einem Kunsthandwerker (gewerbliche Tätigkeit) und einem Künstler (freiberufliche Tätigkeit) möglich?

Letztendlich gibt es keine „auf alle Fälle" zutreffende gesetzliche Definition, auf die zurückgegriffen werden kann. Das **Einkommensteuergesetz und das Partnerschaftsgesellschaftsgesetz** geben mit einer katalogähnlichen Auflistung von Berufen lediglich eine Richtung vor.

Wer also einen sogenannten **Katalogberuf**, einen **katalogähnlichen Beruf** oder einen **Tätigkeitsberuf** ausübt, ist ein Freiberufler. Andersherum: Finden Sie sich nicht in einer dieser Kategorien wieder, dann sind Sie als Gewerbetreibender einzustufen.

- **Katalogberufe**

Die Katalogberufe sind im Einkommensteuergesetz oder Partnerschaftsgesellschaftsgesetz genannt und lassen sich in **vier Berufsgruppen** aufteilen:

Katalogberufe

- **Heilberufe:** Ärzte, Zahnärzte, Tierärzte, Heilpraktiker, Krankengymnasten, Hebammen, Heilmasseure und Diplom-Psychologen
- **Rechts-, steuer- und wirtschaftsberatende Berufe:** Rechtsanwälte, Patentanwälte, Notare, Wirtschaftsprüfer, Steuerberater, Steuerbevollmächtigte, beratende Volks- und Betriebswirte und vereidigte Buchprüfer
- **Naturwissenschaftliche und technische Berufe:** Vermessungsingenieure, Handelschemiker, Architekten, Lotsen und Sachverständige
- **Informationsvermittelnde Berufe und Kulturberufe:** Journalisten, Bildberichterstatter, Dolmetscher, Übersetzer, Wissenschaftler, Künstler, Schriftsteller, Lehrer und Erzieher

Also: Üben Sie einen der obigen Katalogberufe aus und sind alle von Ihnen ausgeübten Tätigkeiten auch berufstypisch, dann steht Ihrer Anerkennung als Freiberufler nichts im Wege.

Beachten Sie: Ausschlaggebend für den Freiberuflerstatus ist, dass Sie in diesem Beruf auch tätig sind. Wenn Sie als Steuerberater nicht steuerberatend tätig sind, sondern eine Kneipe betreiben, dann sind Sie Gastronom und damit gewerblich tätig. Für die Einordnung kommt es allein auf die Art der tatsächlich ausgeübten selbstständigen Tätigkeit an!

- **Katalogähnliche Berufe**

Entspricht Ihre selbstständige Tätigkeit nicht direkt einem der im Gesetz genannten Katalogberufe, so kann sie dennoch freiberuflich sein, sofern sie einem Katalogberuf ähnelt. Für die Einstufung als katalogähnlicher Beruf ist entscheidend, dass Ausbildung und konkrete Tätigkeit mit der eines Katalogberufs vergleichbar sind, also das Anforderungsprofil weitgehend identisch ist. Die Finanzgerichte haben durch exemplarische Urteile entschieden, dass diese Berufe in den Kreis der Freien Berufe gehören. Zu den durch solche Urteile bestätigten katalogähnlichen Berufen gehören beispielsweise: ambulante Krankenpfleger, Baustatiker, Logopäden, Psychotherapeuten, Rentenberater und viele andere. Diese Aufzählung ist nicht vollständig!

- **Tätigkeitsberufe**

Auch selbstständig ausgeübte wissenschaftliche, künstlerische, schriftstellerische, unterrichtende oder erzieherische Tätigkeiten – sogenannte Tätigkeitsberufe – werden als freiberuflich eingestuft. Der Arbeitsmarkt steht nicht still, neue Berufsbilder tauchen ständig auf. Mit der Kategorie der Tätigkeitsberufe wurde vor allem dieser Entwicklung Rechnung getragen.

Tätigkeitsberufe

- **Wissenschaftliche Tätigkeit:** Dazu zählen Forschung, Lehrtätigkeit oder das Erstellen von Gutachten sowie das Verfassen von Fachaufsätzen und Fachbüchern.
- **Künstlerische Tätigkeit:** Zentrales Merkmal künstlerischer Betätigung ist die eigenschöpferische Gestaltung des Werks (z. B. Komponisten oder bildende Künstler wie Bildhauer und Maler). Auch eine reproduzierende Tätigkeit kann eigenschöpferischen Charakter haben und gilt dann als künstlerische Tätigkeit, wie etwa bei Schauspielern, Sängern oder Dirigenten.
- **Schriftstellerische Tätigkeit:** Eine schriftstellerische Tätigkeit liegt vor, wenn eigene Gedanken schriftlich für die Öffentlichkeit niedergelegt werden, und zwar unabhängig vom Qualitätsniveau und Inhalt der Arbeit. Beispiele: Autoren, Lektoren, Werbetexter oder Redenschreiber.
- **Erzieherische Tätigkeit:** Erzieherisch tätig ist, wer sich bemüht, die Persönlichkeit insbesondere heranwachsender Menschen charakterlich, geistig, aber auch körperlich zu formen (z. B. Erziehungshilfe, Kindertagespflege).
- **Unterrichtende Tätigkeit** ist die Vermittlung von Wissen, Kenntnissen und Fähigkeiten. Unterrichtend tätig ist beispielsweise der Sprach-, Tanz-, Fahrlehrer oder Dozent in der Erwachsenenbildung.

Freiberufler oder Gewerbetreibender? Die passende Schublade ist nicht immer leicht zu finden. Wenn Sie die Frage „Was bin ich?“ nicht eindeutig beantworten können, sollten Sie im eigenen Interesse beispielsweise einen Steuerberater konsultieren, um gemeinsam Ihre angestrebten Tätigkeiten zu analysieren. In unklaren Fällen ist die Entscheidung des Finanzamts maßgeblich, ob es sich bei Ihrem Vorhaben um eine freiberufliche oder gewerbliche Tätigkeit handelt.

Tipp: Werden Sie in Zweifelsfällen aktiv und suchen Sie den Dialog mit den Finanzbehörden, damit Sie Rechtsklarheit gewinnen. Bereiten Sie Ihre Tätigkeitsinhalte so „mundgerecht“ und überzeugend auf, dass der Finanzbeamte zu Ihren Gunsten entscheidet.

Jedes Ding hat drei Seiten: eine, die du siehst, eine, die ich sehe, und eine, die wir beide nicht sehen.

– chinesisches Sprichwort

Schreckgespenst Gewerbetreibender: die Unterschiede zum Freiberufler näher beleuchtet

In der Vorstellung vieler Selbstständiger geistert immer noch der Irrglaube herum: „Als Gewerbetreibender habe ich nur Nachteile – und der Status des Freiberuflers ist demgegenüber mit allerlei Vorteilen verbunden." Dem ersten Anschein nach kommt der Freiberufler in den Genuss von Freiheiten, die der Gewerbetreibende nicht hat. Schaut man aber genauer hin, dann verwischen die Vorteile des Freiberuflers und das Schreckgespenst Gewerbetreibender verliert in der Praxis an Schrecken.

Der Freiberufler unterscheidet sich in ***vier wesentlichen Punkten*** vom Gewerbetreibenden:

- Er zahlt keine Gewerbesteuer.
- Er muss keine doppelte Buchführung betreiben (eine Einnahmen-Überschuss-Rechnung reicht aus).
- Er ist kein Zwangsmitglied in einer Industrie- und Handelskammer (IHK).
- Er kann bei der Umsatzsteuer stets die Ist-Besteuerung in Anspruch nehmen.

Keine Gewerbesteuer zahlen zu müssen und den Anstrengungen der doppelten Buchführung zu entgehen – das hört sich vorteilhaft an. Die Vorteile des Freiberuflers sind auf den ersten Blick die Nachteile des Gewerbetreibenden. Doch das Schreckgespenst Gewerbetreibender verblasst auf den zweiten Blick deutlich:

Gewerbesteuer: Als Gewerbetreibender sind Sie grundsätzlich gewerbesteuerpflichtig. Sie zahlen aber erst Gewerbesteuer, wenn Ihr jährlicher Gewinn (genauer: Gewerbeertrag) den Freibetrag von 24.500 € überschreitet. Außerdem ist die Gewerbesteuer, die Sie an die Gemeinde zahlen, bei der Einkommensteuer *anrechenbar*, d. h., die Gewerbesteuer reduziert Ihre Einkommensteuerschuld. Erhebt Ihre Gemeinde einen Gewerbesteuerhebesatz unter 400 %, dann ist Ihre gezahlte Gewerbesteuer vollständig auf Ihre Einkommensteuerschuld anrechenbar. Unterm Strich stellt dann die Gewerbesteuer keine steuerliche Mehrbelastung dar. Mit anderen Worten: Der Gewerbetreibende zahlt zwar Gewerbesteuer und Einkommensteuer, doch aufgrund des Freibetrags und der Anrechnung der Gewerbesteuer bei der Einkommensteuer zahlt er grundsätzlich *betragsmäßig* nicht mehr Steuern als der Freiberufler!

Doppelte Buchführung: Gewerbetreibende sind grundsätzlich zur doppelten Buchführung verpflichtet. Wie der Name vermuten lässt, verursacht die doppelte Buchführung auch doppelt so viel Aufwand wie die einfache Buchführung, die Einnahmen-Überschuss-Rechnung. Gewerbetreibende können jedoch aufatmen. Solange der Umsatz unter 800.000 € und der Gewinn unter 80.000 € liegt, erlaubt der Gesetzgeber auch dem Gewerbetreibenden, seinen Gewinn durch die Einnahmen-Überschuss-Rechnung zu ermitteln. Und auch wenn Sie diese Grenzen überschreiten, müssen Sie grundsätzlich erst zur doppelten Buchführung (Bilanzierung) übergehen, wenn das Finanzamt Sie dazu auffordert.

Zwangsmitglied in einer IHK oder Handelskammer: Dass Freiberuflern die Zwangsmitgliedschaft in der IHK erspart bleibt, hört sich im ersten Moment vorteilhaft an. Aber auch bestimmte Freiberuflergruppen unterliegen der Aufsicht spezieller Verbände und Kammern – verbunden mit eigenen strengen Regeln, Verpflichtungen und Kosten.

Ist-Besteuerung bei der Umsatzsteuer: Freiberufler dürfen unabhängig von der Höhe ihres Umsatzes stets die sogenannte **Ist-Besteuerung** bei der Umsatzsteuer wählen. Das bedeutet: Sie zahlen die Umsatzsteuer erst dann an den Fiskus, wenn Sie das Geld von Ihren Kunden erhalten haben. Der Vorteil: Sie treten nicht in Vorlage und kommen daher nicht in Geldsorgen, wenn Kunden – was häufiger der Fall ist – ihre Rechnungen erst später zahlen. Aber auch hier können Gewerbetreibende aufatmen. Sie dürfen nämlich auch die Vorteile der Ist-Besteuerung beanspruchen, solange ihr jährlicher Umsatz unter 800.000 € liegt.

Fazit: Das Schreckgespenst Gewerbetreibender spukt zu Unrecht in den Köpfen vieler Selbstständiger herum. Oft ist nicht genau bekannt, was tatsächlich die Unterschiede zum Freiberufler sind und welche Konsequenzen sie haben. Per Saldo bedeutet für den Großteil aller Selbstständigen die Einstufung als Gewerbetreibender keine (steuerliche) Mehrbelastung gegenüber dem Status des Freiberuflers.

Nur wer selbst brennt, kann Feuer in anderen entfachen.

– Augustinus

KAPITEL II

Rechtsformen

IN DIESEM KAPITEL ERFAHREN SIE …

- welches „Rechtskleid“ Ihnen bzw. Ihrem zukünftigen Unternehmen am besten passt
- und wann Sie es gegebenenfalls umschneidern müssen.

Verbringe nicht die Zeit mit der Suche nach einem Hindernis. Vielleicht ist keines da.

– Franz Kafka

Das richtige „Rechtskleid" finden

Die Rechtsform eines Unternehmens ist das „rechtliche Kleid" Ihrer selbstständigen Tätigkeit. Und das soll natürlich passen. Die Mehrzahl der Gründungen wird als Einzelunternehmen angemeldet. Doch was die meisten machen, muss nicht für jeden richtig sein. Allgemein gilt: Es gibt weder die optimale Rechtsform noch die Rechtsform auf Dauer für ein Unternehmen. Jede Rechtsform hat Vor- und Nachteile und mit der Entwicklung des Unternehmens ändern sich auch die Ansprüche an dessen Rechtsform. Was heute als richtige Rechtsform erscheint, mag sich in Zukunft als unpassend erweisen. So kann es sein, dass Ihr Unternehmen aus dem ursprünglich gewählten „Rechtskleid" herauswächst und ein Wechsel empfehlenswert ist.

Je nach Ihrer persönlichen Zielsetzung und je nach Art und Umfang der selbstständigen Tätigkeit haben Sie die Qual der Wahl zwischen verschiedenen Rechtsformen. Als Gründer stehen Ihnen drei grundsätzliche Rechtsrahmen für ihre selbstständige Tätigkeit zur Verfügung, nämlich Einzelunternehmen, Personen- und Kapitalgesellschaft. Typisch für das **Einzelunternehmen und die Personengesellschaft** ist, dass der Einzelunternehmer oder die Gesellschafter der Personengesellschaft für die Schulden des Unternehmens auch mit ihrem persönlichen Vermögen haften. Sie müssen kein Mindestkapital aufbringen, nur wenige Gründungsformalitäten sind erforderlich und Sie sind darüber hinaus nicht nur Inhaber, sondern auch Leiter Ihres Unternehmens. Zu den Personengesellschaften zählen vor allem die Gesellschaft bürgerlichen Rechts (GbR), die Kommanditgesellschaft (KG), die Offene Handelsgesellschaft (OHG) und die Partnerschaftsgesellschaft (PartG).

Zu den **Kapitalgesellschaften** gehören die Gesellschaft mit beschränkter Haftung (GmbH), die Unternehmergesellschaft (UG) und die Aktiengesellschaft (AG). Der Vorteil bei Kapitalgesellschaften ist, dass die Haftung der Gesellschafter grundsätzlich auf ihre Kapitaleinlage beschränkt ist. Die Haftungsbeschränkung kann je nach Branche und Unternehmensgröße ein wichtiger Grund für die Wahl einer Kapitalgesellschaft als Rechtsform sein.

Für größere Vorhaben spielt allerdings auch die notwendige Kapitalbeschaffung eine Rolle. Bei Kapitalgesellschaften können Gesellschafter Kapital geben, ohne dass diese aktiv an der Geschäftsführung beteiligt werden müssen.

Doch kein Vorteil ohne Nachteil. Der Vorteil der begrenzten Haftung bei Kapitalgesellschaften wird erkauft durch aufwendige Gründungs-, Buchführungs-, Gesellschaftsvertrags- und Geschäftsführungsformalitäten.

Die Entscheidung, in welcher Rechtsform Sie Ihr Unternehmen führen wollen, hat persönliche, finanzielle, steuerliche und rechtliche Folgen. Die Wahl der Rechtsform sollten Sie erst dann treffen, wenn Sie bei den folgenden Fragen eine klare Position bezogen haben.

- Wollen Sie allein oder mit Partner(n) gründen?
- Wie hoch ist das Haftungsrisiko? Wie umfangreich sind Sie bereit zu haften?
- Sind Ihnen geringe Formalitäten und die mit der Rechtsform verbundenen Kosten wichtig? Sind Ihnen eine unbürokratische Anmeldung und Führung des Unternehmens wichtig?
- Wie hoch sind die Steuerlast und der Umfang der Buchführungspflichten?
- Legen Sie Wert auf Freiheiten bei der Wahl des Firmennamens?
- Wie sieht es mit dem Image aus? Passt die Rechtsform zu Ihrer Branche?

- Sind Sie bereit, Unternehmensdaten zu veröffentlichen?
- Ist Ihnen Attraktivität für Investorenkapital wichtig? Wie wollen Sie sich das Startkapital beschaffen?

Rechtsform Kleingewerbe?

Das Kleingewerbe selbst ist keine eigene Rechtsform, weder im Handelsgesetzbuch (HGB) noch im Bürgerlichen Gesetzbuch (BGB) findet sich der Begriff. Die Bezeichnung deutet lediglich darauf hin, dass die selbstständige Tätigkeit im „geringen wirtschaftlichen Umfang" ausgeübt wird.

Für das Kleingewerbe kommen grundsätzlich zwei Rechtsformen in Betracht: die Rechtsform des Einzelunternehmens oder die Rechtsform der Gesellschaft bürgerlichen Rechts (GbR). Die Entscheidung, in welchem Rechtskleid Sie firmieren, wird Ihnen durch den Umstand abgenommen, ob Sie allein gründen oder gemeinsam mit anderen Personen.

Kleingewerbe als Einzelunternehmen

Bei der Alleingründung starten Sie Ihre Selbstständigkeit als Einzelunternehmer. Die Rechtsform des Einzelunternehmers ist mit Abstand die häufigste Rechtsform. Fast zwei Drittel aller Unternehmen in Deutschland firmieren als Einzelunternehmen.

Ein Einzelunternehmen lässt sich schnell und einfach gründen. Sie brauchen keinen komplizierten Gesellschaftsvertrag aufzusetzen und nicht den Gang zum Notar anzutreten – eine Gewerbeanmeldung ist ausreichend. Ein Mindestkapital zur Gründung ist nicht vorgeschrieben. Der Einzelunternehmer hat die alleinige Entscheidungsfreiheit in den geschäftlichen Belangen, ohne sich am Gesellschaftsvertrag orientieren oder mit Miteigentümern abstimmen zu müssen. Das macht die Führung des laufenden Betriebs sehr flexibel und unkompliziert. Der

Einzelunternehmer hat die freie Verfügungsgewalt über das Betriebsvermögen und der erwirtschaftete Gewinn aus dem Einzelunternehmen gehört ausschließlich ihm. Er kann frei darüber entscheiden, ob der Gewinn im Unternehmen bleibt oder in das Privatvermögen überführt wird. Der Preis für die uneingeschränkte Entscheidungsfreiheit ist das Risiko. Denn der Einzelunternehmer trägt auch das komplette Geschäftsrisiko und haftet ohne Beschränkung mit seinem Privatvermögen für sein Unternehmen. Bestimmte unternehmerische Risiken lassen sich dabei auch über betriebliche Versicherungen absichern.

Aus der Unternehmensbezeichnung muss die Identität des Inhabers klar hervorgehen, Fantasienamen sind nicht zulässig, lediglich ergänzende Unternehmens- oder Geschäftsbezeichnungen können verwendet werden (z. B. Gartencenter Meier, Inhaber: Martin Meier).

Solange der Geschäftsbetrieb sich im Rahmen eines Kleingewerbes bewegt (siehe vorherige Kapitel), unterliegt das Einzelunternehmen nicht den Vorschriften des Handelsgesetzbuchs und die einfache Buchführung (Einnahmen-Überschuss-Rechnung) ist zulässig.

Um Missverständnissen vorzubeugen: Einzelunternehmer bedeutet nicht, dass der Unternehmer allein im Betrieb arbeitet, er kann durchaus Mitarbeiter beschäftigen.

Kleingewerbe als Gesellschaft bürgerlichen Rechts (GbR)

Wenn Sie das Kleingewerbe nicht allein, sondern gemeinsam mit einem oder mehreren Partnern starten, dann firmieren Sie als eine Gesellschaft bürgerlichen Rechts (GbR). Häufig auch als BGB-Gesellschaft bezeichnet, da sich die gesetzlichen Regelungen dazu im Bürgerlichen Gesetzbuch (§§ 705–740 BGB) finden. Die GbR hat mindestens zwei Gesellschafter und kann schnell, kostengünstig und ohne Startkapital gegründet werden – eine Gewerbeanmeldung genügt.

Wichtig: Alle Gesellschafter haften unmittelbar und gesamtschuldnerisch für die GbR – auch mit ihrem Privatvermögen. Das bedeutet, dass sich ein Gläubiger der GbR an jeden der Gesellschafter wenden kann, um seine Ansprüche, die er gegenüber der Gesellschaft hat, einzufordern. Wird ein Gesellschafter vorrangig für die Verpflichtungen der GbR in Anspruch genommen, hat er jedoch einen internen Ausgleichsanspruch gegenüber den anderen Gesellschaftern. Aufgrund dieser gesamtschuldnerischen Haftung sollte unbedingt ein schriftlicher Gesellschaftsvertrag vereinbart werden. Darin sollten unter anderem die gegenseitigen Rechte und Pflichten der Gesellschafter, Geschäftsführungsbefugnisse, Regeln zu Privatentnahmen und Verteilung von Gewinnen sowie für das Ausscheiden aus der Gesellschaft vereinbart werden. Ein klarer Vertrag bei Gründung schützt Sie vor großem Ärger später. Drum prüfe, wer sich ewig bindet.

„Drum prüfe, wer sich ewig bindet, ob sich das Herz zum Herzen findet! Der Wahn ist kurz, die Reu ist lang."

Das Gedicht von Friedrich Schiller gilt auch für die Gründung einer GbR. Bedenken Sie, Sie geben Ihrem Geschäftspartner eine Art Eheversprechen: „Ich verspreche dir die Treue, dir in guten und bösen Tagen beizustehen …" – und haften im schlimmsten Fall mit Ihrem gesamten Privatvermögen.

Beim Unternehmensnamen müssen die Namen der GbR-Gesellschafter enthalten sein, eine ergänzende Unternehmens- oder Geschäftsbezeichnungen ist zulässig und am Namensende muss der Zusatz „GbR" stehen.

Solange der Geschäftsbetrieb der GbR sich im Rahmen eines Kleingewerbes bewegt, kann die Gesellschaft die einfache Buchführung (Einnahmen-Überschuss-Rechnung) durchführen.

Zu guter Letzt: Wenn Sie aus dem Stadium des Kleingewerbes herausgewachsen sind, können Sie auch Ihr Rechtskleid wechseln. Das ist zwar mit Formalien verbunden, aber in der Regel (rechtlich und steuerneutral) möglich. Je größer das Unternehmen, desto beliebter sind Kapitalgesellschaften als Rechtsform.

KAPITEL III

Behördengänge und Anmeldungen

IN DIESEM KAPITEL ERFAHREN SIE ...

- wie schnell sich der Behördendschungel lichtet, wenn Sie wissen, wer bzw. was Sie sind und welche Instanzen für Sie zuständig sind,
- wo, wie und wann Sie vorstellig werden müssen, damit Ihre Gründung „amtlich" wird, was Sie dafür brauchen und tun müssen – und wo Sie sich Hilfe holen können.

Geniale Menschen beginnen große Werke, fleißige vollenden sie.

– Leonardo da Vinci

Der Weg durch den Behördendschungel

Von der Wiege bis zur Bahre – Formulare, Formulare. Viele Gründungswillige schreckt der Wust an Anmeldungen und Behördengängen bei der Existenzgründung ab. Dabei ist das alles gar nicht so schwer, wenn man erst einmal weiß, wo man anfangen muss und welche Behörde für welche Anmeldung zuständig ist.

Der erste Behördengang ist davon abhängig, ob Sie aus Sicht des Finanzamts als **Gewerbetreibender** oder als **Freiberufler** eingestuft werden.

- **Gewerbetreibender:** Als zukünftiger Kleingewerbetreibender müssen Sie sich beim Gewerbeamt der Gemeinde anmelden, in der Sie Ihr Unternehmen eröffnen.
- **Freiberufler:** Als Freiberufler melden Sie sich nicht beim Gewerbeamt an, sondern informieren das Finanzamt über Ihre Existenzgründung. Ein formloses Schreiben an das Finanzamt, in dessen Bezirk Sie sich niederlassen, genügt. Die Mitteilung an das Finanzamt muss innerhalb eines Monats nach Beginn der Selbstständigkeit erfolgen.

Es ist nicht genug zu wissen – man muss auch anwenden. Es ist nicht genug zu wollen – man muss auch tun.

– Johann Wolfgang von Goethe

Gewerbeanmeldung

Die Gewerbeanmeldung ist für viele Gründer der Erstkontakt mit dem Behördendschungel. Ihr Kleingewerbe melden Sie bei dem Gewerbeamt der Gemeinde an, in der Sie Ihr Unternehmen betreiben. Sie können aber auch den persönlichen Behördengang vermeiden und Ihre Gewerbeanmeldung online mithilfe von Dienstleistungsportalen abgeben. Beachten Sie: Die Gewerbeordnung macht hinsichtlich Haupt- oder Nebengewerbe keine Unterscheidung – eine Anmeldung ist in beiden Fällen Pflicht! Zur Erinnerung: Eine freiberufliche Tätigkeit wie auch die sogenannte „Urproduktion" (Land- und Forstwirtschaft) stellen kein Gewerbe dar, deshalb erfolgt bei diesen Tätigkeiten auch keine Gewerbeanmeldung.

TOOL-TIPP: GEWERBE ONLINE ANMELDEN

Wenn Sie sich den Weg zur Gemeinde und lange Wartezeiten in Amtsfluren sparen möchten, dann können Sie die Gewerbeanmeldung auch elektronisch übermitteln. Dies ist möglich über kostenpflichtige Dienstleister wie www.mein-gewerbeantrag.de oder www.online-gewerbe.net.

In der Gewerbeanmeldung sind neben Ihren persönlichen Angaben alle wichtigen Angaben zum Unternehmen (Name, Anschrift, Unternehmensgegenstand) und zum Beginn der Tätigkeit einzutragen sowie, ob die Tätigkeit als Haupt- oder Nebengewerbe ausgeführt wird. Sie brauchen für die Anmeldung einen Personalausweis und eventuell besondere Nachweise (z. B. Handwerkskarte, Konzession) oder Vertragsunterlagen (z. B. Gesellschaftsvertrag). Das Gewerbeamt prüft dann, ob die persönlichen Angaben inhaltlich richtig sind, das Gewerbe an sich erlaubt ist und die notwendigen Nachweise bei zulassungsbeschränkten Gewerbetätigkeiten vorliegen. Der Prozess dauert in der Regel nur wenige Minuten. Nachdem Sie die Gebühr (20–50 €) vor Ort bezahlt haben, können Sie Ihren Gewerbeschein sofort mitnehmen.

Welche Besonderheiten gelten für Handwerker?

Wenn Sie einen handwerklichen Betrieb gründen, müssen Sie unter Umständen bei der Gewerbeanmeldung Ihre fachliche Eignung dokumentieren. Wenden Sie sich daher vorab an die örtlich zuständige Handwerkskammer für die Ausstellung der entsprechenden Nachweise.

Handwerksunternehmen in den sogenannten *zulassungspflichtigen Berufen* dürfen Sie grundsätzlich nur gründen, wenn Sie eine Meisterprüfung abgelegt haben oder einen Meister anstellen; teilweise ist die Gründung auch für Gesellen mit mehrjähriger Berufserfahrung erlaubt. Die Meisterpflicht gilt beispielsweise für sensible Bereiche wie Elektro-, Gas- und Wasserinstallation oder für Dachdecker, Maurer und Schornsteinfeger. Wenn es um die Frage geht, ob Sie für Ihre handwerkliche Existenzgründung einen Meisterbrief brauchen, ist die Anlage A zur Handwerksordnung das Maß aller Dinge – hier sind alle zulassungspflichtigen Berufe aufgeführt. Ausgenommen von der Meisterpflicht sind sogenannte *zulassungsfreie Handwerke* sowie *handwerksähnliche Berufe*. Ein zulassungsfreies Handwerk kann ohne einen Qualifikationsnachweis selbstständig betrieben werden. In diesen

Berufen kann jedoch ein Meisterbrief erworben werden. Zum handwerksähnlichen Gewerbe zählen in der Regel einfache Tätigkeiten aus dem Bereich des Handwerks, die ohne Meisterbrief selbstständig ausgeübt werden können und in denen es auch keine Möglichkeit gibt, einen Meisterbrief zu erwerben.

Im Downloadbereich (www.kleingewerbe-anmelden.org) finden Sie eine Übersicht der Berufe, die als zulassungspflichtige bzw. zulassungsfreie Handwerke oder handwerksähnliche Gewerbe betrieben werden können.

Welche Gewerbe brauchen eine besondere Erlaubnis?

Für manche Gewerbe reicht eine einfache Gewerbeanzeige nicht aus, zusätzlich sind besondere Genehmigungen oder Konzessionen erforderlich. Um die Genehmigung oder Konzession gewährt zu bekommen, müssen in aller Regel ein Nachweis der fachlichen Fähigkeiten und/oder der Nachweis der persönlichen Zuverlässigkeit (z. B. in Form eines polizeilichen Führungszeugnisses) erbracht werden. Die Liste der genehmigungspflichtigen Gewerbe ist lang, dazu gehören zum Beispiel Apotheken, Finanzanlagenvermittler, Immobilienmakler, Reisegewerbe, Spielhallen und viele mehr. Eine vollständige Liste finden Sie auf der Website Ihrer IHK unter dem Stichwort „erlaubnispflichtige und anzeigepflichtige Gewerbe". Wer diesbezüglich eine professionelle Beratung benötigt, ist bei der Industrie- und Handelskammer gut aufgehoben.

Wer wird über meine Gewerbeanmeldung informiert?

Mit der Gewerbeanmeldung beginnen die Mühlen der Behörden zu mahlen. Das Gewerbeamt übermittelt Ihre Daten aus der Gewerbeanmeldung zum Beispiel an das Finanzamt, an die Industrie- und

Handelskammern bzw. an die Handwerkskammer, die Bundesagentur für Arbeit, an die zuständige Berufsgenossenschaft und an andere Institutionen, wenn die Rechtsvorschriften dies vorsehen.

Die erste Behörde, die sich meldet, ist das Finanzamt. Von der Finanzverwaltung erhalten Sie innerhalb von 14 Tagen Post: den Fragebogen zur steuerlichen Erfassung.

Fragebogen zur steuerlichen Erfassung – Ihre erste steuerliche Pflicht

Ihren ersten Behördengang haben Sie mit der Gewerbeanmeldung erfolgreich absolviert. Jetzt stehen Sie vor Ihrer ersten steuerlichen Herausforderung: dem Fragebogen zur steuerlichen Erfassung. Die Anmeldung zur Pflichtmitgliedschaft beim Finanzamt ist innerhalb eines Monats nach der Gewerbeanmeldung vorzunehmen. Seit 2021 ist der steuerliche Erfassungsbogen verpflichtend auf elektronischem Weg über das Finanzamt-Portal ELSTER zu übermitteln. Für die Verwendung von ELSTER ist vorab eine Registrierung erforderlich, die Sie für die spätere Übermittlung Ihrer Steueranmeldungen und Steuererklärungen ohnehin brauchen. Beachten Sie, dass der Registrierungsprozess für ein ELSTER-Benutzerkonto bis zu zwei Wochen dauern kann (www.elster.de).

Mit dem Fragebogen möchte das Finanzamt von Ihnen die folgenden Fragen beantwortet bekommen:

- Wann wurde der Betrieb eröffnet, welche Tätigkeit wird ausgeübt und wer ist Betriebsinhaber?
- Welche Steuererklärungen und Voranmeldungen sind abzugeben und nach welcher Art soll der Gewinn ermittelt werden?
- Welchen Umsatz und Gewinn erwarten Sie in den ersten zwei Jahren?

Mit den Angaben im steuerlichen Erfassungsbogen legen Sie die Grundsteine für Ihr künftiges Steuerfundament. Füllen Sie den Fragebogen sorgfältig aus! Ihre Angaben haben weitreichende steuerliche Folgen und binden Sie teilweise für Jahre gegenüber dem Finanzamt. Auf der Grundlage des Fragebogens bekommen Sie Ihre Steuernummer mitgeteilt und erfahren,

- welche Gewinnermittlungsart (Bilanzierung oder Einnahmen-Überschuss-Rechnung) Sie durchführen,
- welche Steueranmeldungen und Steuererklärungen Sie abgeben
- und in welcher Höhe Sie Vorauszahlungen leisten müssen.

Das Finanzamt verlangt von Ihnen, in die Glaskugel zu schauen: Sie sollen den Umsatz und Gewinn Ihres Unternehmens für die ersten zwei Jahre voraussagen. Das ist nicht ganz leicht, zumal Sie gerade erst starten. Schätzen Sie realistisch!

Vorsicht: Wenn Sie sich gegenüber dem Fiskus arm rechnen, kann das zu unliebsamen Überraschungen in Form von Steuernachzahlungen führen. Zu optimistisch sollten Sie auch nicht schätzen, weil Sie sonst vorab zu viel Steuer zahlen müssen. Die Fehleinschätzung der zu erwartenden Steuerzahlungen gehört zu den häufigsten Fallstricken bei Existenzgründungen. Es gilt: Rechnen Sie von Anfang an mit dem Finanzamt, aber realistisch!

Gut zu wissen: Entwickelt sich der Gewinn nicht so, wie von Ihnen gedacht – keine Sorge! Sie können beim Finanzamt einen Antrag auf Herabsetzung der Vorauszahlungen stellen.

Brauchen Sie Hilfe beim Fragebogen zur steuerlichen Erfassung? Ich lade Sie ein, an meinem kostenlosen Online-Training teilzunehmen. Ich führe Sie Schritt für Schritt durch den Fragebogen zur steuerlichen Erfassung und gebe Ihnen an den Feldern, wo Stolpersteine und Steuerfallen lauern, die entscheidenden Hinweise und Empfehlungen, damit Sie Ihr Steuerfundament richtig legen. Das Online-Training finden Sie im Downloadbereich.

Erfolg hat drei Buchstaben: TUN

– Johann Wolfgang von Goethe

Industrie- und Handelskammer und Handwerkskammer

Die zuständige Kammer, entweder die Industrie- und Handelskammer oder die Handwerkskammer, wird vom Gewerbeamt über Ihre Selbstständigkeit informiert. Von dort erhalten Sie einen entsprechenden „Mitgliedsantrag", den Sie ausgefüllt zurücksenden müssen.

Die **Industrie- und Handelskammer** ist die offizielle Interessenvertretung von Gewerbetreibenden, sie ist für die Aus- und Weiterbildung zuständig und bietet ein breites Beratungsspektrum für ihre Mitglieder an.

Alle Gewerbetreibenden (außer Handwerksbetrieben) werden automatisch Mitglied in der zuständigen IHK und sind verpflichtet, regelmäßig Beiträge zu zahlen. Bei dieser Pflichtmitgliedschaft spielt es keine Rolle, wie groß das Unternehmen ist oder ob das Gewerbe im Nebenerwerb ausgeübt wird. Der Beitrag setzt sich aus einem Grundbeitrag und einem gewinnabhängigen Beitrag zusammen. Für Kleingewerbetreibende gibt es jedoch Sondertarife bis hin zur Beitragsbefreiung.

Das Pendant zur Industrie- und Handelskammer für das Handwerk ist die **Handwerkskammer**, sie vertritt die Interessen des Handwerks. Wenn Sie einen Handwerksbetrieb gründen, werden Sie Pflichtmitglied in der zuständigen Handwerkskammer. Das gilt für zulassungspflichtige, zulassungsfreie und handwerksähnliche Betriebe. Der Beitrag für die Handwerkskammer besteht aus einem festen Grundbeitrag und einem gewinnabhängigen Zusatzbeitrag.

Nur wer sein Ziel kennt, findet den Weg.

– Laotse

Berufsgenossenschaft

Wenn Sie Mitarbeiter beschäftigen, kommt die Berufsgenossenschaft ins Spiel. Sie ist die gesetzliche Unfallversicherung für Ihre Beschäftigten und zuständig für Verhütung von, Rehabilitation und Entschädigung nach Arbeitsunfällen, Unfällen auf dem Arbeitsweg und Berufskrankheiten. Die gesetzliche Unfallversicherung ist eine Pflichtversicherung, wenn Sie Mitarbeiter beschäftigen. Als Arbeitgeber müssen Sie Ihre Mitarbeiter nach der Einstellung bei der Berufsgenossenschaft anmelden und monatlich Beiträge abführen. Es gibt verschiedene Berufsgenossenschaften, die nach Branchen organisiert sind. Welche Berufsgenossenschaft für Sie zuständig ist, hängt von der Tätigkeit ab, die Sie ausüben. So ist zum Beispiel die Berufsgenossenschaft Nahrungsmittel und Gaststätten für das Hotel- und Gaststättengewerbe, für Bäcker und Metzger zuständig.

Informationen rund um das Thema Unfallversicherung (wie z. B. Zugehörigkeit) bietet die Deutsche Gesetzliche Unfallversicherung (DGUV) als Spitzenverband aller Berufsgenossenschaften auf ihrer Website www.dguv.de an.

Beachten Sie, dass sich jedes frisch gegründete Unternehmen erst einmal bei der zuständigen Berufsgenossenschaft melden muss, unabhängig davon, ob es Mitarbeiter beschäftigt oder nicht. Eine Pflichtversicherung besteht jedoch grundsätzlich nur für Ihre Mitarbeiter. Als Unternehmer können Sie sich freiwillig bei der zuständigen Berufsgenossenschaft unfallversichern.

Im Rahmen der Gewerbeanmeldung wird in aller Regel die zuständige Berufsgenossenschaft über die Unternehmensgründung informiert, sodass Sie die Anmeldeformulare zugeschickt bekommen.

KAPITEL IV

Büroorganisation

IN DIESEM KAPITEL ERFAHREN SIE ...

- wie Sie eine gute, produktive Ordnung und Struktur speziell für Ihr Büro finden – und warum es dafür kein Patentrezept gibt,
- wie Sie dabei mit Augenmaß in passende digitale Helfer investieren, welche steuerlichen Vorgaben zu beachten sind und welche Tipps, Tricks & Must-haves es sonst noch gibt.

Wer nicht mutig genug ist, Risiken einzugehen, wird es im Leben zu nichts bringen.

– Muhammed Ali

Ihr Büro effizient und digital organisieren

Ohne Ordnung und Struktur in Ihrem Büro werden Sie früher oder später vom Papierchaos und der Informations- und Datenflut überrollt. Wachsende Papierberge, überquellendes E-Mail-Postfach, ständig vibrierendes Handy, Chaos in den Ordnerstrukturen, vollgekachelter Desktop – das alles hemmt über kurz oder lang die Produktivität. Eine übersichtliche Organisations- und Ablagestruktur (am besten digital) spart Zeit in Ihrem Büroalltag und ist die zentrale Grundlage für effektives Arbeiten.

In diesem Kapitel erhalten Sie einen Überblick über alles, was Sie brauchen, um Ihren Schreibtisch vom Papier zu befreien und Ihren Büroalltag mit Augenmaß auf eine digitale Arbeitsweise umzustellen – ohne teure Investitionen in Soft- und Hardware und ohne IT-Vorkenntnisse.

Das digitale Arbeiten bietet Chancen wie Vereinfachung, Flexibilität, Mobilität und höhere Produktivität. Doch Smartphone, E-Mails und Apps werden für viele von uns nicht zu Werkzeugen, die das Büroleben vereinfachen, sondern eher zu Produktivitätskillern und Stressfaktoren. Ob Technik letztlich Fluch oder Segen ist, hängt davon ab, wie wir damit umgehen. Die Digitalisierung soll die Arbeit erleichtern. Denken Sie immer daran, wenn Sie die neuste App oder das neuste Tool kaufen wollen. Nicht das Tool ist die Lösung, sondern die Frage, wie wir die digitalen Möglichkeiten am besten nutzen. Digitalisierung ist eine Lösung, um Ihren Büroalltag zu vereinfachen, sie muss aber nicht zwingend die einzige Lösung sein. Ihr Unternehmen wird aus einem

Mix verschiedener Arbeitstechniken und Prozesse bestehen, die digital und analog umgesetzt werden.

Wägen Sie immer zwischen Vor- und Nachteilen ganz speziell für Ihr Unternehmen ab. Laufen Sie nicht jedem Digitalisierungstrend wie ein willenloser Zombie nach, sondern konzentrieren Sie sich auf Tools und Arbeitsweisen, die Ihren Büroalltag bereichern.

Die Ausrüstung: Hard- und Software

Wer ein papierloses Büro möchte, sollte auf hochwertige Geräte und passende Software setzen – sonst geht schnell die Motivation verloren, weil langsame Technik viel Arbeitszeit raubt. Sprich: Arbeitet die Technik zu langsam oder sind die technischen Prozesse zu kompliziert, wird dadurch unnötig Arbeitszeit gebunden. Wenn Ihr Scanner zum Beispiel ein schlecht lesbares Dokument hervorbringt, keine Einzugsfunktion, Duplex-Funktion oder OCR-Erkennung hat, müssen Sie viel Arbeitszeit in das Scannen oder Nachbearbeiten investieren. Das ist am Ende teurer als die Investition in einen hochwertigen und flotten Scanner.

Die Investition in **hochwertige Technik und in die richtige Software** spart vor allem Arbeitszeit, die Ihrem Kerngeschäft und Ihrem Umsatz zugutekommt.

Welche Ausrüstung gebraucht wird, richtet sich nach Art und Größe des Unternehmens, dem Umfang der anfallenden Arbeiten und natürlich nach dem persönlichen Geschmack. Nachstehend habe ich Ihnen meine Zutatenliste für ein digitales Büro aufgeführt, die sich in der Praxis für Soloselbstständige und kleine Unternehmen bewährt hat:

- **Laptop**

Das digitale Büro ist untrennbar mit mobilem Arbeiten verbunden. Laptops sind perfekt auf die Bedürfnisse der mobilen Welt ausgerichtet.

Dank seines geringen Gewichts kann der Laptop überallhin mitgenommen werden, sei es zu Besprechungen, zu Gesprächen mit Kunden oder ins Homeoffice.

- **Zwei Bildschirme – ein Must-have!**

Der standardmäßige 13-Zoll- oder 14-Zoll-Bildschirm am Laptop ist für unterwegs vollkommen ausreichend. Aber wer den ganzen Tag Outlook im Blick behalten muss, zwischen Office- und anderen Programmen hin- und herwechselt, wünscht sich bald mehr Platz – schon den Augen zuliebe. Investieren Sie in mindestens einen großen und qualitativ hochwertigen Bildschirm (mindestens 24-Zoll-Monitor), Ihre Augen werden es Ihnen danken.

Wenn Sie die Effizienz am Arbeitsplatz deutlich steigern wollen, dann rüsten Sie ihn mit **zwei großen Bildschirmen** aus. Mit der 2-Bildschirm-Methode können Sie parallel in verschiedenen Dokumenten arbeiten, im Internet recherchieren und nebenbei digital Notizen machen. Sie können sich simultan mehrere Anwendungen gleichzeitig anschauen, unmittelbar auf sie zugreifen oder sie bearbeiten.

Ohne das ständige Hin- und Herwechseln zwischen Anwendungen oder Verschieben von App-Fenstern reduzieren sich die Unterbrechungen Ihres Arbeitsflusses erheblich – Sie arbeiten dadurch fokussierter und sparen Zeit.

- **Drucker – ein Multifunktionsdrucker sollte es sein**

Ganz ohne Papier kommt auch ein papierloses Büro nicht aus. Praktisch sind in diesem Zusammenhang die sogenannten Multifunktionsgeräte. Darunter sind Geräte zu verstehen, die Drucker, Kopierer, Scanner und auch ein Fax in einem Gerät beinhalten (All-in-one-Geräte). Logischerweise benötigen die Multifunktionsgeräte nicht so viel Platz wie vier einzelne Geräte. Und Sie müssen nur ein Gerät einrichten und warten. Noch ein Plus: Sie müssen nur ein einzelnes Gerät mit Strom versorgen, was die Stromrechnung freut. Preislich sind die Multifunktionsgeräte zwar ein wenig höher angesiedelt, jedoch relativiert sich der höhere Kaufpreis angesichts der Zeitersparnis durch die vielfältigen Funktionen. Setzen Sie auf ein Modell der „Mittelklasse“ eines namhaften Herstellers, dann bekommen Sie eine ordentliche Druckgeschwindigkeit und Zusatzfunktionen wie beispielsweise Duplex-Druck (also beidseitiges Bedrucken des Papiers) oder einen automatischen Dokumenteneinzug, die Ihnen den Büroalltag erleichtern.

- **Leistungsstarker Dokumentenscanner – zentraler Erfolgsfaktor**

Eine zentrale Rolle für die erfolgreiche Umstellung von Papier auf digital und für das tägliche Arbeiten im papierlosen Büro spielt der Dokumentenscanner. Sparen Sie nicht an der Qualität des Scanners, denn langwieriges Scannen führt dazu, dass Sie viel Arbeitszeit investieren müssen, und lässt die Motivation deutlich sinken.

Was braucht also ein guter Scanner? Wichtige Funktionen für professionelles Arbeiten sind eine gute Scangeschwindigkeit, eine hohe Bildauflösung, eine Einzugsfunktion für Einzelblätter, eine Duplex-Funktion (beidseitiges Scannen) und eine OCR-Erkennung (die Software erkennt Schriftzeichen, sie liest aus einem gescannten Bild einen editierbaren Text ein). Außerdem sollten Sie ein WLAN-fähiges Gerät wählen, weil die eingescannten Dokumente dann entweder direkt in der Cloud abgespeichert oder an jeden beliebigen anderen Arbeitsplatz verschickt werden können.

Kleine Helfer: Nutzen Sie einen **Stempel „gescannt“**, um gescannte Dokumente zu markieren. Damit erkennen Sie leicht, ob ein Dokument schon gescannt wurde oder nicht, und vermeiden doppeltes Einlesen. Um kleinformatige Quittungen und Kassenbons zu scannen, legen Sie diese in eine **Scanhülle**. Die transparente Plastikhülle sorgt dafür, dass die kleinen Belege beim Scannen nicht verrutschen und dass mehrere Kleinbelege auf einmal gescannt werden können. Mit Scanhüllen kriegen Sie außerdem auch verknitterte Dokumente glatt.

- **Dockingstation – eine sinnvolle Erweiterung**

Der mobile Einsatz eines Laptops ist eine prima Sache. Was unterwegs praktisch ist, bringt aber im Büro oder zu Hause auch Nachteile mit sich. In puncto Anschluss sämtlicher Peripheriegeräte – wie zwei Bildschirme, Maus, Tastatur, Drucker, Scanner, Festplatte, LAN-Anschluss, Mikrofon, Kopfhörer – kommt das Notebook schnell an seine Grenzen. Außerdem ist das ständige Ein- und Ausstöpseln von Monitoren und Co. bei häufigen Standortwechseln nervig und zeitraubend. Abhilfe schafft hier eine Dockingstation.

- **Externe Festplatte oder NAS**

Mit einer externen Festplatte oder einem NAS (Network Attached Storage) erweitern Sie Ihre Speicherkapazität und sorgen für Sicherheit Ihrer Daten. Der Verlust Ihrer Daten wäre eine furchtbare Katastrophe nicht nur im Hinblick auf die gesetzlichen Aufbewahrungsfristen, sondern vor allem für die Aufrechterhaltung Ihres Tagesgeschäfts. Deshalb sollten Sie die Daten nicht nur auf der eigenen Festplatte speichern, sondern auch regelmäßig Sicherheitskopien auf externen Speichermedien anfertigen. Als Backup-Lösungen bieten sich sowohl externe Festplatten als auch NAS-Server an. *Network Attached Storage* bedeutet im Grunde nichts anderes als ein ans Netzwerk angeschlossenes Speichermedium.

- **Tablet mit Stift – schnell Notizen erfassen und übertragen**

Handschriftliche Notizen bei Besprechungen oder Kundenterminen sind oft notwendige Gedankenstützen. Statt mit Notizblock und Stift unterwegs zu sein, empfiehlt sich ein Tablet mit Stift. Das ersetzt Ihnen die Zettelwirtschaft – die Notizen sind sofort in digitaler Form vorhanden und können jederzeit weiterverarbeitet werden.

- **Smartphone – ein Multitalent**

Smartphones sind heutzutage aus dem Alltag kaum mehr wegzudenken. Mailen, surfen, telefonieren – doch Ihr Handy kann noch mehr! Es ist ein wahres Multitalent. Schauen Sie nach Apps, die Ihnen helfen, den Geschäftsalltag produktiver zu organisieren. Es werden sich Möglichkeiten auftun, an die Sie bislang noch nicht gedacht haben. Neben dem klassischen E-Mail-Programm ist der Zugriff von unterwegs auf Ihre Dokumente und auf Programme zum Erstellen, Bearbeiten und Versenden von Dokumenten, Tabellen und Präsentationen eine wichtige Funktion für den Geschäftsalltag – gerade wenn Sie oft im Außendienst tätig sind. Auch praktisch: von unterwegs über Video-Messenger-Apps an Besprechungen oder wichtigen Gruppen-Chats teilnehmen. Oder Termine, Notizen, To-do-Listen über das Handy organisieren. Arbeitszeiten direkt mobil erfassen – so geht keine Ihrer geleisteten Arbeitsstunden mehr verloren. Sie wollen eine Quittung oder ein Dokument von unterwegs schnell digitalisieren? Auch dann reicht ein Griff zum Handy. Mit einer Scan-App ein Foto machen, nachbearbeiten und hochladen – fertig! Nutzen Sie unproduktive Zeiten unterwegs (z. B. in der Bahn oder Wartezeiten) sinnvoll, indem Sie sich über Ihr Smartphone weiterbilden – es gibt viele Lernplattformen, die Online-Videokurse zur beruflichen und persönlichen Weiterbildung anbieten. Als Navigationssystem hilft Ihnen das Handy, sich in fremden Städten zurechtzufinden.

Sie sehen, das Smartphone bietet viele Möglichkeiten, die das Arbeiten produktiver machen und sich gut in den Arbeitsalltag integrieren lassen.

- **Microsoft 365 – die Basis für das papierlose Büro**

Microsoft 365 (vormals: Microsoft Office 365) ist die perfekte Basis für jedes papierlose Büro. Es kombiniert die altbewährten Office-Anwendungen mit verschiedenen Web- und Cloudservices. Der große Vorteil: In diesem Software-Paket sind alle für das digitale Arbeiten erforderlichen Programme enthalten. Dazu gehören neben den Büroarbeit-Klassikern Word, Excel, PowerPoint und Outlook auch der Cloudspeicher OneDrive, das digitale Notizbuch OneNote, das moderne Zusammenarbeitstool Teams, der Videodienst Skype sowie weitere nützliche Tools (z. B. ein Snipping-Tool). Das Software-Paket Microsoft 365 ist speziell für die Verwendung eines Cloudservers ausgelegt, im Unterschied zu anderen Microsoft-Office-Paketen, die allein auf die Abspeicherung auf örtlicher Hardware abzielen. Also perfekt für das mobile Arbeiten und das synchrone Nutzen von verschiedenen Geräten (Laptop, Tablet, Handy).

Die großen Vorteile sind die einfache Nutzung auf mehreren (unterschiedlichen) Geräten wie Laptop, Tablet und Smartphone und das absolute Synchron-Laufen der Daten. Sie halten damit Ihre E-Mails, Kontakte, Termine, Aufgaben und Dokumente auf allen Geräten aktuell, was Arbeitsabläufe und die Teamarbeit erheblich erleichtert.

Und nicht zuletzt ist die Installation denkbar einfach und auch für einen IT-Laien problemlos möglich. Updates werden automatisch eingespielt – Sie haben immer die neuste Software-Version. Denken Sie daran, wie viel Arbeitszeit eingespart wird, wenn nicht ständig Updates installiert werden müssen. Außerdem erhalten Sie kostenlosen Support, wenn Sie Fragen haben. Das Microsoft-365-Paket bekommen Sie gegen eine kleine monatliche Lizenzgebühr. Sie benötigen keine teure Anfangsinvestition in eine eigene Server-Infrastruktur und die laufenden Wartungskosten entfallen gänzlich.

Mit Microsoft 365 haben Sie das ultimative Werkzeug, um alle Herausforderungen des papierlosen Büros und des digitalen Arbeitens zu meistern. Sie werden schnell feststellen, wie hervorragend Ihnen Microsoft 365 hilft, die Disziplinen im Büro-Zehnkampf erfolgreich zu absolvieren.

Büro-Zehnkampf mit *Microsoft 365* meistern		
Disziplin		***Tool***
1.	Dokumente erstellen	*Word*
2.	Erstellen von Berechnungen, Tabellen, Diagrammen	*Excel*
3.	E-Mail-Management	*Outlook*
4.	Termine und Kontakte managen	*Outlook*
5.	Aufgaben managen, To-do-Liste führen	*Outlook, ToDo, Planner*
6.	Dateiablage, Cloudspeicher, Dateien online teilen	*OneDrive, SharePoint*
7.	Elektronisches Notizbuch	*OneNote*
8.	Präsentationen erstellen	*PowerPoint*
9.	Video-Konferenzen und Instant Messaging	*Teams, Skype for Business*
10.	Digitales Teamwork, Zusammenarbeit von virtuellen Teams	*Teams*

- **PDF-Programm – PDF statt Papier**

Portable Document Format (PDF) ist das Standard-Datenformat im papierlosen Büro. Der größte Vorteil einer PDF-Datei ist die originalgetreue Darstellung des Dokuments unabhängig vom verwendeten Gerät oder der verwendeten Software. Anders ausgedrückt: Ein PDF-Dokument sieht auf jedem Computer der Welt mit jedem Betriebssystem genauso wie das Originaldokument aus – auch wenn man es später auf Papier ausdruckt. Damit ist das Dateiformat ideal zum Archivieren und zum Weiterleiten geeignet. Ein digitaler Dokumentenaustausch ist heutzutage ohne PDF nur schwer vorstellbar. Die Anschaffung eines PDF-Programms in einem papierlosen Büro ist daher zwingend notwendig. Acrobat wäre hierfür das Original, aber es gibt auch adäquate Alternativen, etwa Nitro und PDF 24. Diese Programme umfassen Werkzeuge zum Erstellen, Konvertieren, Bearbeiten, Kommentieren, Zusammenfügen und Schützen von PDF-Dateien.

- **Online-Banking – Bankfiliale war gestern**

Im papierlosen Büro sollten Sie auch die Vorzüge des papierlosen Bankverkehrs nutzen. Die einfachste Möglichkeit ist das Online-Banking. Denn damit können Sie Ihren Zahlungsverkehr bequem vom Schreibtisch aus erledigen, ohne dass Formulare wie Überweisungen nötig sind und Kontoauszüge von der Bankfiliale geholt werden müssen. In aller Regel ist es nicht erforderlich, für Online-Banking eine spezielle Software zu installieren. Sie erhalten Zugangsdaten von Ihrer Bank und können nach erfolgreicher Registrierung loslegen. Mit Online-Banking sind Sie flexibel, denn Sie können rund um die Uhr Ihren Finanzstatus checken, einzelne Transaktionen kontrollieren und Überweisungen tätigen. Zudem sind die Gebühren bei der Online-Abwicklung Ihrer Bankgeschäfte niedriger, häufig sind Online-Konten sogar kostenfrei. Ein Vorteil von digitalen Kontoauszügen ist, dass Sie diese auch digital weiterverarbeiten können, z. B. per Datenübergabe an das Buchhaltungssystem oder an den Steuerberater, und so Ihr digitaler Workflow erleichtert wird. Außerdem ist ein wesentlicher Pluspunkt, dass Sie in Ihrem Online-Konto komfortabel nach Umsätzen suchen können. Sie wollen etwa wissen, wann ein Kunde bezahlt hat. Geben Sie einfach in der Suchfunktion den Namen oder die Rechnungsnummer oder den Betrag ein – Sie werden in Sekundenschnelle ein Ergebnis erhalten. Online-Banking bietet also viele Vorteile, von der Zeitersparnis über die Flexibilität bis hin zur Kostenreduzierung und Einsparung von Papier.

GESCHÄFTSKONTO ERÖFFNEN – EIN MUSS!

Viele Gründer wollen sich die zusätzlichen Gebühren für ein Geschäftskonto sparen und wickeln Ihr Gewerbe über das private Girokonto ab. Doch das ist zu kurz gedacht. Denn die Vorteile, die Sie durch ein Firmenkonto erzielen, überwiegen die Kontogebühren. Aus diesen Gründen sollten Sie von Anfang an ein Firmenkonto eröffnen:

- Überblick gewinnen: Wenn Sie ein „Konto für alles“ führen, stehen Privatausgaben neben betrieblichen Ausgaben. Es entsteht ein Durcheinander. Mit einem Geschäftskonto, über das nur die betrieblichen Einnahmen und Ausgaben laufen, haben Sie Ihre Finanzen klar im Blick und können Ihr Geschäft besser führen.
- Buchführungszeiten reduzieren: Wenn Sie ein Geschäftskonto führen, müssen Sie nicht unzählige kleine private Buchungen in der Buchhaltung erfassen, das spart dem Steuerberater Zeit beim Buchen und Sie sparen Honorargebühren.
- Neugier des Finanzamts beschränken: Wenn Sie ein Geschäftskonto führen, hat das Finanzamt nicht das Recht, auch Ihr Privatkonto einzusehen. Führen Sie aber ein „Konto für alles“, über das auch Privatausgaben laufen, kann das Finanzamt über das „Private“ Auskunft verlangen.
- Ärger mit der Bank vermeiden: Banken schließen in aller Regel in ihren AGB aus, das private Girokonto auch für geschäftliche Zwecke zu nutzen. De facto besteht damit eine Geschäftskonto-Pflicht.

Sie suchen ein gutes Geschäftskonto? Im Downloadbereich habe ich Ihnen Empfehlungen zu kostenlosen Geschäftskonten speziell für Gründer und Selbstständige zusammengestellt.

- **Rechnungssoftware**

Ihre Kundenrechnungen in Word oder Excel zu schreiben, ist keine Lösung im digitalen Büro – allein schon aus Sicht des Finanzamts. Professioneller und finanzamtkonform erstellen Sie Ihre Rechnungen mithilfe eines Faktura- bzw. Rechnungsprogramms. Damit können Sie Rechnungen als PDFs oder als hybride Dateiformate im eigenen Design Ihres Unternehmens erstellen und diese direkt an die Kunden senden. Je nach verwendeter Software-Lösung werden die Fälligkeiten im Anschluss überwacht, Mahnungen angestoßen, Forderungen gebucht und offene Posten ausgeziffert.

- **Screenshot-Programm – ein genialer Helfer im Büroalltag**

Was auf keinen Fall in einem digitalen Büro fehlen darf, weil es ein genialer Helfer im Alltag ist, ist ein Screenshot-Programm. Screenshots lassen sich zwar ganz einfach erstellen, indem Sie die „Druck“-Taste auf Ihrer Tastatur betätigen und dann die Bildschirmaufnahme in das gewünschte Dokument einfügen. Deutlich smarter und flexibler geht es jedoch mit einem Screenshot-Programm. Das Snipping-Tool von Microsoft ist standardmäßig unter Windows installiert. Alternativen sind Snagit oder Ashampoo Snap. Mithilfe dieser Programme lassen sich auf einfache Art und Weise Bildschirmfotos („Screenshots“) schießen und bearbeiten. Sie können den gesamten PC-Bildschirm oder einen Teil des Bildschirms aufnehmen, Notizen, Zeichnungen oder Markierungen hinzufügen, den bearbeiteten Ausschnitt per „Einfügen“ in ein beliebiges Office-Programm übergeben oder direkt aus dem

Fenster des Programms per E-Mail verschicken. Die Einsatzmöglichkeiten sind vielfältig. Sie werden sehen, in Ihrem Büroalltag wird ein Screenshot-Programm zu Ihrem ständigen Begleiter werden und Sie sparen Papier, da Sie weniger ausdrucken.

- **Antivirussoftware – der „Türsteher" für Ihr digitales Büro**

Sie brauchen einen „Türsteher" für Ihr digitales Büro, um Ihre Daten, Ihre Soft- und Hardware zu schützen. Als Antivirusprogramm bezeichnet man eine Software zum präventiven Schutz vor und zur aktiven Bekämpfung von Computerviren. Das Programm bewacht den Zugang zu Ihrem digitalen Büro und schmeißt unliebsame Gäste raus. Es wehrt unerwünschte Zugriffe auf den PC und verdächtige Daten ab, überprüft die durchgelassenen Daten auf Viren und löscht bei Befall die Bedrohung.

Bei Microsoft 365 gehört die Antivirenlösung Windows Defender bereits von Haus aus zum Lieferumfang. Andere gute Antivirenprogramme sind Norton und McAfee. Welches Programm und welchen Funktionsumfang Sie benötigen, hängt von Ihrer individuellen Unternehmensstruktur ab. An dieser Stelle ist der Einkauf von Beratung gut investiertes Geld.

Love it, change it or leave it.

– Henry Ford

Der Posteingang: eingehende Dokumente meistern

Im Posteingang erhalten Sie permanent Belege analoger und digitaler Art. Die Bearbeitungsregeln des Posteingangs sind grundsätzlich unabhängig von Papier oder Elektronik und vom Kanal, über den Sie der Beleg erreicht. Sie erhalten Papierbelege mit der Post, Sie bekommen Belege als E-Mail, per Upload über eine elektronische Schnittstelle oder auf einem Online-Portal wie einer Verkaufsplattform oder einem Online-Shop, Sie sammeln Belege wie Quittungen beim Tanken, Einkaufen, im Restaurant. Ganz gleich, auf welchem Weg der Beleg in das Unternehmen gelangt, nun gilt es zu entscheiden, was damit geschehen soll. Denn der eingehende Beleg kann entweder weggeschmissen oder archiviert werden oder er löst weitere Aktionen aus.

Bearbeitung des Posteingangs nach der „Triple A"-Regel

Bearbeiten Sie Ihre Eingangsbelege nach der **AAA-Regel** oder auf Neudeutsch: nach der **„Triple A"-Regel** (klingt cooler). Was hat es mit der AAA-Regel auf sich? Alle Eingangsbelege gehören in eine der drei Hauptkategorien Abfall, Archiv, Aktion. Fragen Sie sich für jeden Beleg, zu welcher Kategorie er gehört:

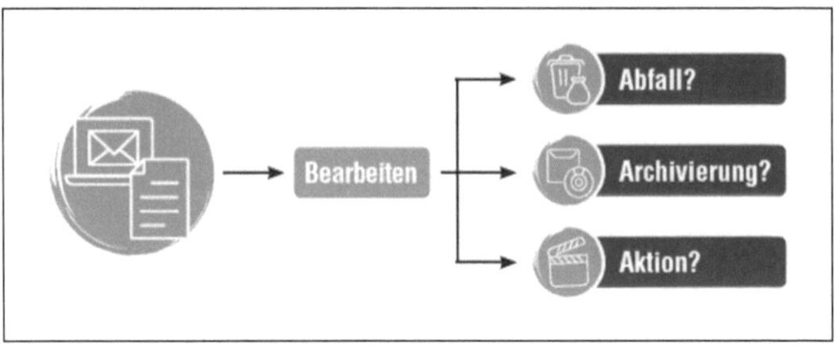

Abfall? In den Papierkorb kommt alles, was Sie nie wieder nutzen oder was Ihnen unproblematisch jederzeit aktualisiert zur Verfügung steht. Dokumente ohne Wert wie Werbebriefe und Prospekte vernichten Sie direkt.

Archivierung? Dokumente, die im Augenblick keine Aktivität erfordern, aber wichtig sind oder in der Zukunft wichtig werden könnten, sind zu archivieren. Ins Archiv (statische Ablage) kommen Belege zu abgeschlossenen Vorgängen, die zur Dokumentation oder als Nachweise aufgehoben werden müssen.

Aktion? Viele Dokumente erfordern eine Aktion von Ihnen. In die **dynamische Ablage (Zwischenablage)** kommen alle Vorgänge, die noch bearbeitet oder permanent gebraucht werden. Sie gehören zu unerledigten Aufgaben oder laufenden Projekten, warten auf Aktion.

Alle Papierbelege aus Post und Alltag, die nicht im Papierkorb entsorgt werden, sind systematisch einzuscannen und als PDF der entsprechenden Ablage (dynamische oder statische Ablage) zuzuordnen. Geht ein Eingangsbeleg analog ein, kann dies auf verschiedenen Kanälen geschehen, nämlich per Übergabe, per Post oder per Fax. Für jeden dieser Kanäle müssen Sie entscheiden, wie Sie beim Scannen vorgehen.

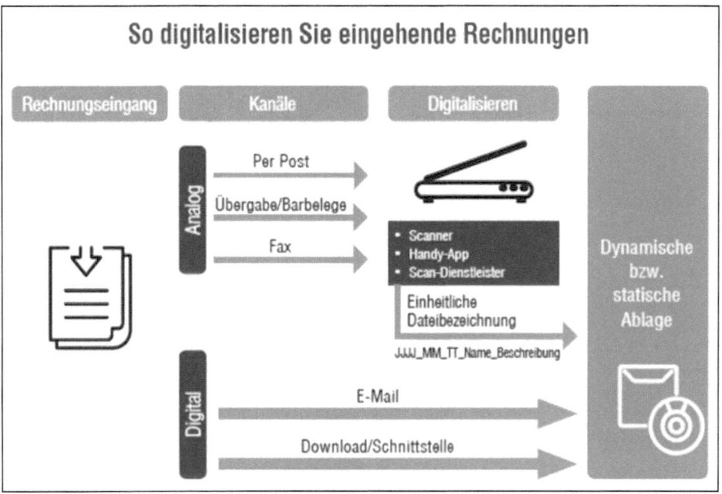

Sie können **selbst scannen** oder einen **externen Scan-Dienstleister** beauftragen. Dienstleister wie E-Postscan, Caya, Dropscan sichten Ihre analoge Briefpost, scannen diese und stellen sie Ihnen in einem elektronischen Briefkasten zur Verfügung.

Wenn Sie sich ganz oder partiell für das eigene Scannen entscheiden, sichten Sie selbst alle analogen Eingangsbelege, die Sie per Post, per Fax oder per Übergabe erreichen, und digitalisieren diese per stationärem Scanner oder Handy-App.

Richtig scannen

Beim Scannen sind einige Punkte zu beachten, damit Sie anschließend Ihre Dokumente problemlos lesen und gut weiterbearbeiten können. Folgende Tipps sind dafür hilfreich:

- **Die richtigen Einstellungen**

Achten Sie vor allem auf das Format (PDF), die Größe, die Auflösung, die Möglichkeit eines Duplex-Scans und das Entfernen leerer Seiten.

Wählen Sie im Scanprofil außerdem den Zielordner, damit Sie die Kopie sofort korrekt ablegen. Am besten erstellen Sie sich gleich verschiedene Scanprofile, zwischen denen Sie nach Bedarf wählen können. So vermeiden Sie zeitintensives manuelles Nacharbeiten.

- **Optical Character Recognition (OCR)**

Wählen Sie OCR (Texterkennung) als Grundeinstellung, um eine spätere Suche innerhalb der Dokumente zu ermöglichen. Diese Einstellung bieten Ihnen alle modernen Scanner.

- **Plausibilitätskontrolle**

Kontrollieren Sie, ob alle Seiten sauber gescannt und gut lesbar sind. Anschließend können Sie auf dem Originalbeleg einen Stempel „gescannt“ anbringen.

Gescannte Originale smart ablegen – Box statt Ordner

Ist das Originaldokument ordentlich gescannt worden, kann es für wirkliche Härtefälle noch auffindbar in einer Sammelkiste archiviert werden. Vergessen Sie an dieser Stelle, die Belege mit buchhalterischer Gründlichkeit in Ordner abzuheften – der Aufwand lohnt sich nicht. Seien Sie smart und schmeißen Sie die gescannten Originalbelege in eine Aufbewahrungsbox. Die Boxen fassen mehr Dokumente als Ordner, sind günstiger und der damit einhergehende Ablageprozess ist enorm zeitsparend. Sollten Sie in einem seltenen Fall doch noch einen Originalbeleg brauchen, dann wühlen Sie sich eben durch die Box. Das Mehr an Suchzeit haben Sie im Vorfeld um das 10-Fache an Ablagezeit eingespart

Papiervermeidung statt Scannen!

Setzen Sie auf Papiervermeidung statt Scannen. Das Scannen ist nur eine Hilfslösung für Belege, die nicht vermieden werden können und momentan noch auf Papier vorliegen. Besser ist es, dieses unnötige Papier von vornherein zu vermeiden. Schreiben Sie Ihre Geschäftspartner, Kunden und Lieferanten an und bitten Sie darum, Ihnen alle anfallenden Dokumente wie Rechnungen, Angebote und sonstige Anschreiben nur noch per E-Mail zukommen zu lassen. Die Vorteile: Die digital eingehenden Dokumente können Sie direkt medienbruchfrei weiterbearbeiten und Sie schonen zugleich die Umwelt durch Reduzierung des Papierverbrauchs und Vermeidung von Transportemissionen.

Scannen statt Kopieren

Immer wenn Sie etwas kopieren wollen, überlegen Sie, ob es nicht sinnvoller ist, es gleich zu scannen. Das kostet Sie den gleichen Zeiteinsatz, aber Sie haben den Vorteil, dass Sie die Information digital zur Verfügung haben.

Das größte Hindernis auf dem Weg zum Erfolg ist die Angst vor dem Scheitern.

– Sven-Göran Eriksson

Ausgehende Dokumente konsequent papierlos managen

Ob Besprechungsnotizen, Briefe oder Rechnungen: Im digitalen Büro gilt die Prämisse, so weit wie möglich auf Papier zu verzichten. Setzen Sie ein neues Schriftstück auf, dann sollte dieses im Idealfall überhaupt kein Papierstadium mehr sehen, sondern von Anfang an digital erstellt werden. Überlegen Sie genau, wann Sie wirklich Papier benötigen – vor allem bei Briefen. Versuchen Sie, so oft es geht, E-Mails zu versenden statt Briefe. Auf E-Mails erhalten Sie in der Regel auch eine digitale Rückmeldung, und das meist schneller als auf dem Postweg. Wenn Sie konsequent die digitalen Kommunikationsmittel einsetzen, bekommen Sie auch auf diesem Weg Antwort. Besonders viel Papierkram entsteht durch das Verschicken von Angeboten und Rechnungen. Auch diese können Sie per E-Mail verschicken. Beachten Sie dabei, dass diese Dokumente nach dem Willen des Gesetzgebers unveränderbar sein sollen. Word- und Excel-Formate sind leicht änderbar. Nutzen Sie daher sichere Formate wie das PDF-Format und Verschlüsselungen für Angebote, Rechnungen und andere sensible Informationen, sodass eine nachträgliche Veränderung oder Manipulation Ihrer Belege ausgeschlossen ist.

Ausgangsrechnungen – Rechnungssoftware ist ein Muss

Wie gesagt: Kundenrechnungen in Word oder Excel zu schreiben, ist weder professionell noch finanzamtskonform. Die Sache wird auch nicht besser, wenn Sie die in Word oder Excel geschriebenen

Rechnungen in PDF konvertieren und anschließend per E-Mail an Kunden versenden. Das hat wenig mit digitalem Arbeiten zu tun. Wenn Sie Ausgangsrechnungen digitalisieren und per E-Mail an Kunden versenden wollen, ist ein Rechnungsprogramm ein Muss. Mit einer Rechnungssoftware können Sie nicht nur Rechnungen schreiben, sondern sie hilft Ihnen auch, weitere Arbeitsabläufe im Büro zu vereinfachen. Sie sparen Zeit bei Arbeitsabläufen vor und nach der Erstellung der Rechnung und sind rechtlich auf der sicheren Seite. Bedenken Sie: Nicht nur die Erstellung der Rechnung selbst macht Arbeit. Vor der Rechnung müssen Sie häufig ein Angebot erstellen. Nach der Rechnungserstellung ist der Zahlungseingang zu überwachen. Durch Anbindung ans Online-Banking kann mittels der Rechnungssoftware ein fast automatisierter Abgleich zwischen offenen Rechnungen und Geldeingängen erzeugt werden. Hat ein Kunde nicht bezahlt, kann eine Mahnung direkt aus dem Programm geschrieben werden. Über entsprechende Übersichten können Sie den Status Ihrer Rechnungen einfach im Blick behalten: Wie viele Rechnungen habe ich diesen Monat geschrieben, welche sind noch offen? Die meisten Programme sind cloudbasiert, sodass Sie damit mobil arbeiten können, von überall und auf verschiedenen Geräten (PC, Tablet oder Smartphone) darauf zugreifen können. Die Ausgangsrechnungen können als digitaler Export für die Erstellung der Buchhaltung zur Verfügung gestellt werden oder der Steuerberater bekommt einen eigenen sicheren Zugang, um die Rechnungen direkt in seine Kanzleisoftware zu übernehmen. So wird die Zusammenarbeit mit dem Steuerberater vereinfacht, Sie sparen Hin und Her in der Kommunikation und Honorargebühren. Das Finanzamt machen Sie auch noch glücklich, weil die Software standardmäßig dafür sorgt, dass erstellte Rechnungen nicht geändert werden können und revisionssicher gespeichert werden. Kurzgefasst: Mit einer Rechnungssoftware können Sie einen weitgehend automatisierten Workflow gestalten – vom Angebot über Rechnungserstellung, Prüfung des Zahlungseingangs, Mahnwesen und Buchhaltung bis hin zur finanzamtskonformen Archivierung.

TOOL-TIPP: RECHNUNGSSOFTWARE

Sie suchen eine gute Rechnungssoftware? Im Downloadbereich habe ich Ihnen eine Auswahl von empfehlenswerten Rechnungssoftware-Lösungen zusammengestellt.

Gut zu wissen: Und wie kommt jetzt Ihre Unterschrift auf die digitale Rechnung? Gar nicht. Eine Unterschrift ist nicht nötig. PDF-Rechnungen ohne Unterschrift sind rechtlich zulässig und heute gängige Praxis.

Handschriftliche Notizen digitalisieren

Briefe und E-Mails schreiben, Berechnungen durchführen und Präsentationen erstellen: Das sind die Kernaufgaben der MS-Office-Programme. Aber was ist mit handschriftlichen Notizen? Ein Tablet oder ein Laptop mit einem digitalen Stift ist ein wunderbarer Papierersatz. So ausgerüstet lassen sich in Besprechungen handschriftliche Notizen sofort digitalisieren. Das ist kein Hexenwerk und geht mit Microsoft 365 erstaunlich gut. In viele Office-Programme (z. B. Word, OneNote, PowerPoint, Excel, Outlook) sind schon Funktionen für die Erzeugung digitaler Notizen integriert. Über den Reiter „Zeichnen“ in der Menüleiste finden Sie eine Auswahl an verschiedenen „Stiften“, mit denen Sie schreiben und zeichnen können.

Welche Vorteile bieten Ihnen digitale Notizen gegenüber dem Papier? Ganz klar die Suchfunktion – viele Programme warten mit einer OCR-Funktion auf, sodass Sie Ihre Notizen nach Schlagworten durchsuchen können. Papierene Notizbücher können Sie nur Seite für Seite durchsuchen. Noch ein Vorteil: Fehler in Ihren Notizen lassen sich sofort korrigieren oder löschen. Die Notizen lassen sich zudem beliebig erweitern oder im Nachhinein bearbeiten, beispielsweise durch Auswahl unterschiedlicher Schriftfarben oder durch Einfügen von Fotos, Grafiken u. a. Sie können von überall auf die Notizen zugreifen. Durch die Option, Notizen zu teilen, können Sie auch Kollegen an den Aufzeichnungen teilhaben lassen. Die digitalen Notizen lassen sich ganz einfach in Ihrer vorgegebenen Ablagestruktur archivieren; so führen Sie alle wichtigen Informationen zu einem Vorgang an einem Ort zusammen.

Bevorzugen Sie traditionelle Notizen auf Papier?

Sie möchten Ihre Notizen lieber traditionell auf Papier verfassen und zugleich die Vorteile von digitalen Notizen nutzen? Einerseits ist es schön, die eigene Handschrift weiter zu praktizieren und als „Kulturgut" am Leben zu erhalten. Aber andererseits ist auch klar, dass Papiernotizen einige Nachteile mit sich bringen. Kein Problem, kombinieren Sie den Komfort des traditionellen Schreibens mit digitaler Technik. Mit einem **Smartpen** können Sie weiterhin Ihre handschriftlichen Notizen auf Papier festhalten und von den Vorzügen der Digitalisierung profitieren. Das Grundprinzip: Ein spezieller Stift speichert Geschriebenes und wandelt Ihre Schrift in einen digitalen Text um. Damit können Sie Ihre handschriftlichen Notizen, Skizzen und Ideen vom Papier in die digitale Arbeitswelt übertragen, sodass diese am PC oder Tablet digital aufbewahrt und verarbeitet werden können. Manche Smartpens haben zusätzlich die Möglichkeit, Audiodateien aufzuzeichnen.

Gute Smartpens gibt es beispielsweise von den Herstellern Moleskine, Wacom, Neolab oder Livescribe.

Wie unterscheidet sich ein Smartpen von einem Tablet-Stift? Während ein Smartpen Ihre Handschrift auf Papier per App digitalisiert, ist der Tablet-Stift nur ein Bedienstift für das Tablet. Er kann nicht auf Papier schreiben.

Papierbriefe per Mausklick versenden

Ab und zu werden Sie auch weiterhin noch Briefe auf Papier erstellen. Solche Ausgangspost, die Sie, aus welchen Gründen auch immer, ganz klassisch als Brief verschicken, können Sie smart und kostengünstig über digitale Tools organisieren. Damit können Sie echte Briefe aus Ihren Office-Programmen heraus per Mausklick versenden, ohne zum Briefkasten gehen zu müssen. Sie installieren die digitale Briefversand-Software Ihres ausgewählten Anbieters als neue Druckoption. Anschließend schreiben Sie Ihren Brief wie gewohnt beispielsweise in Word und übertragen ihn dann über die übliche Druckfunktion in die Versand-Software. Oder Sie schreiben den Brief direkt in der Vorlage des Anbieters. Druck, Kuvertierung, Frankierung und Versand übernimmt der Dienstleister für Sie. Die Zustellung erfolgt beim Empfänger als echter Papierbrief durch die Deutsche Post AG. Sie sparen sich damit den zeitaufwendigen Prozess des Briefversands (Drucken, Falzen, Kuvertieren, Frankieren, Einwerfen). Und das günstiger, als wenn Sie den Versand selbst organisieren.

Anbieter von digitalem Briefversand sind beispielsweise Onlinebrief24, E-Post Mailer (Deutsche Post) oder LetterXpress.

Wir können den Wind nicht ändern, aber wir können die Segel richtig setzen.

– Aristoteles

Ihr Archiv: die Ablage organisieren

Um Ihr Ordnungs- und Ablagesystem effizient zu gestalten, brauchen Sie einen **Digitalisierungsplan**, in dem Sie den gewünschten Arbeitsablauf und die zukünftige Organisation Ihres Unternehmens festlegen.

Verschaffen Sie sich einen umfassenden **Überblick über den Belegverkehr**. Wie Sie bereits im Kapitel über den Posteingang erfahren haben, steht der Begriff „Beleg“ für Schriftstücke, Rechnungen, Verträge, Quittungen, E-Mails, Dateien etc. Fragen Sie sich, welche digitalen und Papier-Belege in Ihrem Unternehmen eine Rolle spielen. Wie, wo und wann kommen diese Belege vor? Über welche Kanäle – analog oder digital – erreichen sie Sie? Betrachten Sie sowohl den Weg der eingehenden als auch der ausgehenden Dokumente. Vollziehen Sie den **Belegfluss von der Entstehung bis zur Löschung der Belege** nach. Jede Belegart muss erfasst, bearbeitet und archiviert werden. Dazu brauchen Sie ein nachvollziehbares Ordnungs- und Ablagesystem, das Ihre Arbeitsabläufe effizient abbildet und unterstützt. Definieren Sie feste Plätze für Ihre Belege vom Eingang bis zur Archivierung – und schon stellt sich Ordnung wie von selbst ein!

Wie schön wäre es, wenn ich Ihnen sagen könnte: Ein Digitalisierungsplan muss genau so aussehen und nicht anders. Doch aufgrund der Verschiedenartigkeit der Unternehmen muss ein Digitalisierungsplan immer sehr individuell auf den eigenen Bedarf zugeschnitten sein. Stellen Sie sich zu Beginn die folgenden Leitfragen:

1. Welche Belege müssen abgelegt werden? Was kann gelöscht werden?

Alles, was Sie gleich wegwerfen können, spart Energie und Zeit. Doch auch für vieles, was nicht weiterbearbeitet werden muss, gibt es gute Gründe, warum es aufbewahrt werden sollte oder muss: Aufbewahrungsfristen und Dokumentationspflichten zum Beispiel oder das Speichern von Wissen, das sonst verloren wäre.

2. In welcher Form und in welchem Ablagemedium soll aufbewahrt werden?

Sie haben entschieden, dass ein Dokument aufbewahrt werden soll. Die nächste Frage lautet: digital oder in Papierform aufbewahren – oder in beiden Formaten? Und in welchem Ablagemedium? In der Papierwelt organisieren Sie Ihre temporäre Ablage z. B. in Ablagekörben oder Hängeregistern. Die Endablage erfolgt meist in Ordnern und Aktenschränken. Im digitalen Bereich stehen Ihnen Ihr persönliches Laufwerk auf dem PC, das allgemeine Laufwerk auf dem Firmenserver oder in der Cloud und Ihr E-Mail-Programm als Ablagemedien zur Verfügung. Arbeiten Sie im Team, sollten Sie alle wichtigen digitalen Dokumente in einem zentralen Medium ablegen, sodass auch die Kollegen darauf zugreifen können.

3. Wie finde ich meine Informationen schnell wieder?

Die Grundregel für ein gutes Ordnungs- und Ablagesystem ist, dass alles seinen vordefinierten Platz hat. Das gilt nicht nur innerhalb der Papier- oder innerhalb der digitalen Ablage. **Synchronisieren Sie Papier- und digitale Ablage**: Nutzen Sie in beiden die gleichen Ordnungsprinzipien, Benennungen, Begriffe. Das erleichtert insgesamt die Organisation der digitalen Dateien und Papierbelege.

Durchdachte Ordnerstruktur schaffen

Wichtig ist, eine gut durchdachte Ordnerstruktur für die statische Ablage zu schaffen. Ohne eine gut überlegte Systematik verschwindet Ihr Archivmaterial mit hoher Wahrscheinlichkeit in einem schwarzen Loch und lässt sich kaum mehr oder nur mit Anstrengung wiederfinden.

Sie müssen hierfür eine Lösung finden, die Ihrem Unternehmen entspricht. Grundsätzlich gibt es bei der Ordnerstruktur keinen allgemeingültigen Aufbau, da jedes Unternehmen anders ist – selbst innerhalb der gleichen Branche. Basteln Sie sich nichts auf die Schnelle, sondern überlegen Sie gründlich, wie Ihre Ordnerstruktur und Ihre Namenskürzel aussehen sollten, um dauerhaft Bestand zu haben und schnelle Suchergebnisse herbeizuführen. Immerhin nutzen Sie diese Struktur im Optimalfall jahrelang, sodass sich die vorab investierte Denkarbeit durchaus auszahlt.

Beginnen Sie mit dem Allgemeinen und gehen Sie dann zum Spezifischen. **Denken Sie daran, die digitale und die papiergebundene Ablage identisch zu gestalten.** Ob digital oder analog: Die Prinzipien bleiben dieselben!

So gehen Sie vor:

1. **Identifizieren:** Identifizieren Sie Ihre Schwerpunkte. Welche Themen, Aufgabenbereiche und Sachbegriffe sind für Ihre Arbeit besonders wichtig?
2. **Gruppieren:** Richten Sie sinnvolle Hauptgruppen in einer übersichtlichen Hauptordnerstruktur (mit maximal 10 Hauptordnern und jeweils ca. fünf Unterordnern) ein. So reduzieren Sie den gedanklichen Aufwand, was Sie wo ablegen bzw. finden, auf ein Minimum. Je weniger Wahlmöglichkeiten Sie beim Ablegen und Zugreifen haben, desto eher sind Sie im

richtigen Ordner. Verlassen Sie sich auf Ihre Suchfunktion! Damit sind Sie schneller, als wenn Sie eine ausufernde Ordnerstruktur durchsuchen. Mit einer guten Dateibenennung helfen Sie Ihrer Suchfunktion zusätzlich auf die Sprünge (siehe Tipp unten).

3. **Hierarchisieren:** Ordnen Sie nach Priorität, um die wichtigsten Themen zuerst zu finden. Da Computer immer nach alphabetischer Reihenfolge sortieren, müssen Sie die Ordnernamen vorne mit den Zahlen 01, 02 etc. nummerieren. So können Sie die Ordner nach Ihrer Wunschreihenfolge sortieren und haben immer die wichtigsten Ordner in der Rangfolge oben stehen.

Einheitliche Dateibenennungsregeln definieren

Ohne einheitliche Benennung wird es zum reinen Lotteriespiel, ob eine Datei gefunden wird oder nicht. Definieren Sie eindeutige Benennungsregeln bzw. eine einheitliche Schreibweise, damit Sie Ihre Dateien jederzeit über die Suchfunktion finden können. Schreiben Sie zum Beispiel Monate immer zweistellig und verwenden Sie immer das gleiche Trennzeichen (- oder _). Trennstriche innerhalb des Dateinamens sorgen für eine bessere Übersicht. Verzichten Sie außerdem auf kryptische Abkürzungen – nach wenigen Monaten können Sie sich wahrscheinlich nicht mehr an alle Abkürzungen erinnern. Da ist eine Verwendung von ganzen Worten zukunftssicherer.

Ich empfehle eine chronologische Sortierung nach Erstell- oder Rechnungsdatum in Verbindung mit Namen (Kunde, Lieferant, Behörde) und einer knackigen Beschreibung, die folgendermaßen aussehen kann:

Einheitliche Dateibezeichnung

- **JJJJ_MM_TT_NAME_BESCHREIBUNG**
- 2020_05_19_Telekom_RG Festnetz 2020_04
- 2020_06_06_Finanzamt_Einkommensteuerbescheid 2019

Die neuesten Dokumente stehen dank chronologischer Sortierung immer an erster Stelle. So können Sie Entwicklungsgeschichten und den Verlauf „Was bisher geschah …“ leicht nachvollziehen. Zudem ist das Weiterkopieren, Archivieren oder Löschen von Dateien in ganzen Blöcken viel einfacher mit der chronologischen Angabe vorne im Dateinamen.

Konsequente Speicherung in der Cloud

Ohne Cloud funktioniert kein papierloses System! Sämtliche Ordner müssen konsequent in der Cloud gespeichert werden. Lokale Dateien und Ordner sind tabu.

Warum ist die Cloud so wichtig? Sie dient als digitales Ablagesystem und zentrale Anlaufstelle. Sie verbindet Ihr gesamtes Team miteinander, vereinfacht den Datenaustausch und fasst alle Daten an einem Ort zusammen. Als Teil des Microsoft-365-Pakets integriert sich OneDrive komfortabel in Ihren Büro-Workflow. Sie können in Word, Excel, PowerPoint und OneNote Dateien erstellen, diese direkt in OneDrive speichern und gemeinsam nutzen.

Durch OneDrive erlangen Sie mehr Flexibilität, weil das gesamte Archiv jedem Berechtigten unabhängig von Zeit und Ort zur Verfügung steht. Der Zugriff kann über verschiedene Geräte erfolgen und Dokumente können über mobile Scan-Apps direkt hochgeladen werden. Sie bestimmen, inwieweit Dokumente in der Cloud gelesen, kommentiert oder bearbeitet werden dürfen. Das Freigeben von Dateien und Ordnern kann eingeschränkt und zeitlich limitiert werden, sodass bestimmte Mitarbeiter Daten nur lesen können, während andere sie bearbeiten dürfen.

Teilen Sie Inhalte mit Kunden und Geschäftspartnern auch außerhalb Ihres Unternehmens. So können Sie zum Beispiel für die Zusammenarbeit mit dem Steuerberater Buchungsbelege einfach austauschen.

Suchen Sie Alternativen zu Microsoft, dann sollten Sie sich die Angebote von DropBox oder die deutsche Cloudlösung IONOS HiDrive anschauen.

Muster-Ordnerstruktur für kleine Unternehmen

Eine sinnvolle Ordnerstruktur muss den Anforderungen und Abläufen des Unternehmens entsprechen. Deshalb gibt es auch keine allgemeingültige Struktur. Nachfolgend erhalten Sie aber eine Muster-Ordnerstruktur als Gedankenanstoß, die für viele kleine Unternehmen sicherlich in abgewandelter Form anwendbar ist. Manche Ordner passen, andere möglicherweise nicht. Übernehmen Sie das, was Ihnen schmeckt, und ändern oder ergänzen Sie frei nach Gusto.

Mit fünf Ordnern erfolgreich organisiert

Hier ein Beispiel für eine mögliche Hauptordnerstruktur:

01) Eigenorganisation
02) Kunden
03) Lieferanten & Behörden
04) Buchhaltung
05) Projekte – Ideen – Infothek

01 Eigenorganisation

Diesen Hauptordner untergliedern Sie wie folgt:

Im Hauptordner legen Sie einen Unterordner **„Stammakte Unternehmen"** an, in dem Sie beispielsweise folgende Dokumente ablegen: Gesellschaftervertrag, Handelsregisterangelegenheiten, Grundbuchauszüge, Gründungsunterlagen (Gewerbeanmeldung, steuerlicher Fragebogen, Businessplan), Einzahlungsnachweis GmbH-Stammkapital, Miet- und Leasingverträge, Darlehensverträge, wichtige Kaufverträge (wie Grundstückskauf) usw. In dem Ordner „Stammakte Unternehmen" landen wichtige Dokumente, die Dauersachverhalte des Unternehmens betreffen und die Sie entweder über die normale Aufbewahrungsfrist von 10 Jahren oder sogar unternehmenslebenslang aufheben sollten.

Die Anlage eines Unterordners namens **„Arbeitsanweisungen & Vorlagen"** ist empfehlenswert. Hier gehören Arbeitsanweisungen, Briefvorlagen, Checklisten, Ablageplan, Organigramme, Unternehmensleitbild usw. hinein.

Legen Sie auch einen Unterordner **„Produkte & Dienstleistungen"** an – hier kommt alles rund um Ihre Produkte und Dienstleistungen rein, wie z. B. Produktbeschreibungen, Preislisten, Kalkulationen.

In einem Unterordner **„Marketing & Vertrieb“** legen Sie Dateien zu den Themen Logos, Corporate Identity, Broschüren, Homepage, Kampagnen, Präsentationen, Presse usw. ab.

Falls Sie Mitarbeiter haben, ist die Anlage eines Ordners **„Personal“** sinnvoll, wo z. B. Arbeitsverträge, Lohnabrechnungen, Ergebnisse von Mitarbeitergesprächen, Zeugnisse, Stellenbeschreibungen, Bewerbungsunterlagen, Urlaubs- oder Stundenlisten verwahrt werden. Wenn aus Ihrer Sicht im Hauptordner „Eigenorganisation“ noch etwas fehlt, dann ergänzen Sie noch Unterordner Ihrer Wahl.

NOTFALLORDNER: PLAN B FÜR DEN NOTFALL!

Fallen Sie länger aus, stehen Ihre Mitarbeiter und Angehörigen vor vielen Fragen. Was ist jetzt zu tun? Wo finde ich was? Sie müssen sicherstellen, dass Ihr Unternehmen im Falle des eigenen unerwarteten Ausfalls weiterläuft. Im Notfallordner ist hinterlegt, was im Notfall von wem zu tun ist und wo hilfreiche Informationen und Unterlagen zu finden sind: von Handlungsanweisungen, Vollmachten und Passwörtern über Kreditverträge bis hin zur Nachfolgeregelung. Ziel des Notfallordners ist es, für den Fall der Fälle vorzusorgen, damit Ihr Vertreter den Betrieb möglichst störungsfrei am Laufen halten kann.

Mehr Informationen zum Thema Notfallordner finden Sie im Downloadbereich.

02 Kunden und 03 Lieferanten & Behörden

Diese beiden Hauptordner sind ähnlich strukturiert, nur dass es im einen um Ihre Beziehungen zu Ihren Kunden geht, während es im anderen um Lieferanten und Behörden geht. Hier gehören beispielsweise Schriftverkehr, Verträge, Angebote und Bestellungen hinein. **Bitte beachten Sie:** In diesen Ordnern werden keine Rechnungen abgelegt, Rechnungen kommen in den Ordner „04 Buchhaltung". Zu den Behörden gehören das Finanzamt, Krankenkassen, die Agentur für Arbeit, das Gewerbeamt, Berufskammern, die IHK u. a.

04 Buchhaltung

Diesen Hauptordner untergliedern Sie wie folgt:

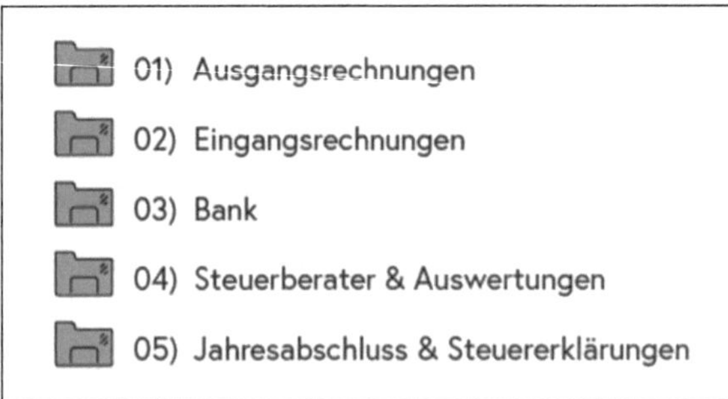

Im ersten Unterordner legen Sie die **Ausgangsrechnungen** ab, also Rechnungen, die Sie an Kunden schicken. Eine Ablage von Ausgangsrechnungen ist nicht unbedingt notwendig, wenn Sie ein Rechnungsprogramm nutzen, das die Rechnungen revisionssicher speichert und jederzeit in unveränderter Form wieder reproduzieren kann. Im Zweifel gehen Sie auf Nummer sicher und legen eine PDF-Kopie der Rechnung ab.

Alle **Eingangsrechnungen**, also alle Rechnungen, die Sie bekommen, verwahren Sie im Ordner **„Eingangsrechnungen"**.

In den Ordner **„Bank“** gehören Ihre **Kontoauszüge** zu Ihren Bankkonten und Kreditkarten. Bitte beachten Sie, die elektronischen Kontoauszüge nicht nur im PDF-Format zu archivieren, sondern – so der Wunsch des Finanzamts – auch in maschinell auswertbarer Form (z. B. als CSV-Datei) zu speichern. Fast alle Banken bieten im Rahmen des Online-Bankings die Möglichkeit, die elektronischen Kontoauszüge auch in alternativen Dateiformaten zu exportieren (CSV-MT940 wäre das bevorzugte Format).

Ihre buchhalterischen Auswertungen (z. B. betriebswirtschaftliche Auswertungen, Umsatzsteuer-Voranmeldungen) und sonstige Unterlagen, die Sie vom Steuerberater bekommen, legen Sie im Ordner **„Steuerberater & Auswertungen“** ab.

Schließlich kommen Ihr **Jahresabschluss** und die **Steuererklärungen** nebst dazugehörigen Dokumenten in den gleichnamigen Ordner. Für jedes Jahr legen Sie einen neuen „Buchhaltungsordner“ an, also z. B. „Buchhaltung 2021“ und „Buchhaltung 2022“.

05 Projekte – Ideen – Infothek

Hier finden Dokumente zu Projekten und Ideen ihren Platz. In den Projektordner kommen alle „lebendigen“ Dokumente, die das Projekt unmittelbar betreffen. Ein Fachartikel hat Sie auf eine Idee zu einem neuen Produkt gebracht oder ein Testbericht inspiriert Sie, eine neue Software einzuführen? Es gibt so manche Vorhaben, die man vielleicht später angehen möchte, die aber derzeit noch nicht konkret sind. Solche Ideen und Vorhaben gehören in den Ideenordner. In der Infothek werden Dokumente zu „Wissen“ abgelegt, also Informationen, die Sie bei der Arbeit regelmäßig oder künftig brauchen, die aber eher allgemeiner Natur sind, weil sie sich nicht einem Produkt, einem Kunden oder dergleichen zuordnen lassen. Beispiele sind: Anleitungen und Tipps für wichtige Arbeitsprozesse und Aufgaben („Wie es geht“-Beschreibungen), Checklisten, Seminarskripte oder Fachartikel.

Ordnerstruktur fortlaufend optimieren

Beachten Sie: In den wenigsten Fällen ist eine neue Ordnerstruktur gleich zu 100 % perfekt. Im Laufe der Zeit werden Sie feststellen, an welchen Stellen mehr oder weniger Ordnung erforderlich ist. Überprüfen Sie daher turnusmäßig, ob die neue Struktur sich in der Praxis bewährt oder ob es Sinn macht, Änderungen und Ergänzungen vorzunehmen.

Datensicherheit – eine Backup-Strategie ist ein Muss!

Daten können durch menschliche Unachtsamkeit, Hardwaredefekte, Softwarefehler, kriminelle Cyberangriffe oder auch höhere Gewalt abhandenkommen. Sind die Daten weg, führt das zu teuren Betriebsstörungen und Ausfallzeiten, unzufriedenen Kunden und schließlich zu Umsatzverlusten. Und nebenbei drohen auch rechtliche Konsequenzen, denn Sie sind gesetzlich verpflichtet, sich ordentlich um die Daten Ihres Unternehmens und die Ihrer Kunden und Geschäftspartner zu kümmern. So ist der Ärger mit dem Finanzamt programmiert, wenn Sie in der nächsten Steuerprüfung ohne Belege dastehen. Oder es drohen datenschutzrechtliche Sanktionen, wenn Sie unachtsam mit personenbezogenen Daten umgehen.

Backup-Strategie: das 3-2-1-Prinzip

Vor einem Verlust Ihrer Unternehmensdaten schützen Sie sich durch eine Backup-Strategie. Als Standard hat sich das 3-2-1-Prinzip durchgesetzt. Diese Backup-Lösung steht für:

- Speichern Sie **3 Kopien** Ihrer Daten
- auf **2 unterschiedlichen Medien**
- und verwahren Sie **1 Kopie** an einem **externen Ort**.

Genauer betrachtet besagt das 3-2-1-Prinzip, dass jedes Unternehmen neben dem „Original" mindestens zwei Backups besitzen sollte – also ein Original, ein Backup und ein Backup des Backups. Zwei Sicherungen sollten wiederum auf zwei verschiedenen Speichermedien (externe Festplatte, USB-Stick, Cloud, DVD o. Ä.) erfolgen, um für den Ausfall eines Speichertyps gerüstet zu sein. Eines der Speichermedien sollte außerhalb des Unternehmens aufbewahrt werden, um die Daten gegen äußere Einflüsse wie Feuer, Überschwemmung, Erdbeben, aber auch vor Diebstahl zu schützen. Insbesondere die externe Sicherungskopie kann bei Cyberattacken der helfende Rettungsring sein, wenn Kriminelle durch Schadsoftware Dateien beschädigen oder Unternehmensdaten verschlüsseln, um Lösegeld zu erpressen.

Mit der 3-2-1-Regel im Hinterkopf können Sie jetzt Ihre eigene Backup-Strategie planen. Dabei müssen Sie sich entscheiden, welche Art von Backup-Medien Sie für die Sicherung vor Ort wie auch für die außerhalb des Unternehmens verwenden wollen. Bei der Auswahl kommen klassische lokale Speichermedien, die Cloud oder eine Kombination aus beiden Varianten in Betracht.

Das klassische Backup

Bei dieser Art des Backups kommen physische Speichermedien zum Einsatz, wie zum Beispiel externe Festplatten, USB-Sticks, CDs, DVDs. Für kleine Unternehmen sind diese Backup-Medien in der Regel ausreichend, doch für größere Büros mit mehreren Arbeitsplätzen brauchen Sie oft mehr Power. In diesem Fall sind NAS-Geräte eine gute Option. NAS steht für Network Attached Storage und bedeutet im Grunde nichts anderes als ein ans Netzwerk angeschlossenes Speichermedium, also eine Art lokale Cloud. Doch beachten Sie: Auch ein NAS-Gerät ist in Ihrem Unternehmen beheimatet; es ist also für Datenverluste im System genauso anfällig wie der Rest Ihres Netzwerks. Deshalb sollten Sie auch hier an den Punkt „externe Sicherung" der 3er-Regel denken.

Wichtig: Backup-Speichermedien sollten wirklich nur zum Zweck der Datensicherung an den Computer angeschlossen werden. Nach erfolgreicher Sicherung sollte das lokale Speichermedium wieder vom Rechner getrennt werden: Damit haben Schadsoftware und Hacker keine Chance, die gesicherten Daten anzugreifen. Bevor Sie Ihre Backups außer Haus geben, um sie bei Dritten sicher zu lagern, sollten Sie die Backups unbedingt verschlüsseln, um das Risiko des Datenmissbrauchs zu minimieren. Verschlüsselung klingt kryptisch und technisch, aber die Verschlüsselung der Datensicherung kann auch einfach und zugleich wirkungsvoll sein. Vergeben Sie ein Passwort; nur wer dieses Passwort kennt, kommt an die Daten.

Ab in die Cloud: Datensicherung ohne Hardware

Die Cloud ist für die Datensicherung gerade kleinerer Unternehmen eine attraktive Option. Sie müssen keine teure Hard- und Software anschaffen, für die Einrichtung und Pflege sind keine tiefgreifenden IT-Kenntnisse erforderlich und die Cloudlösungen lassen sich einfach und komfortabel bedienen. Außerdem sind die Daten dank Cloud auf beliebigen Endgeräten ortsunabhängig erreichbar. So sind Sie an jedem anderen Gerät sofort wieder arbeitsfähig, wenn beispielsweise Ihr Haupt-PC crasht. Durch die Speicherung außerhalb des eigenen Unternehmens ist der Punkt „externes Backup“ der 3-2-1-Regel gewährleistet und das physische Verlustrisiko wie bei lokalen Speichermedien minimiert.

Während die Auslagerung der Daten in eine Cloud für die Datensicherheit empfehlenswert ist, können Clouddienste aus datenschutzrechtlicher Sicht bedenklich sein. Die Unternehmensdaten können weltweit gespeichert sein und es kann sein, dass die Dienste weniger strenge Datenschutzbestimmungen beachten, als in Deutschland erforderlich ist. Das kann zu Problemen mit der deutschen Datenschutzgrundverordnung (DSGVO) führen. Deshalb sollten Sie bei der Wahl Ihres Clouddienstes darauf achten, dass die Daten auf DSGVO-konformen

Servern gespeichert und die in Deutschland geltenden Datenschutzbestimmungen eingehalten werden.

Wenn Sie datenschutzrechtlich auf Nummer sicher gehen wollen, nutzen Sie eine Verschlüsselungssoftware für Cloudsysteme wie beispielsweise Boxcryptor. Damit werden alle Dateien verschlüsselt, bevor sie überhaupt in der Cloud landen. So stellen Sie sicher, dass unbefugte Anwender keinen Zugriff auf die Daten in der Cloud erhalten.

Wer Daten sicher in der Cloud speichern will, kann natürlich auch auf Cloudspeicher setzen, in denen die Verschlüsselung bereits integriert ist. Beispiele sind Tresorit oder Secure Cloud.

Das teuerste Backup ist das, das Sie nie gemacht haben

Die beste Backup-Strategie nützt Ihnen nur, wenn Sie auch regelmäßig Sicherungen erstellen. Sie können Sicherungen händisch durchführen oder automatisiert durch einen Backup-Service. Regelmäßige Backups durchzuführen, ist ein löblicher Vorsatz, aber leider auch nur die halbe Miete. Die manuelle Datensicherung kann schon mal vergessen werden oder die Abstände zwischen den einzelnen Backups sind zu groß, sodass wichtige Informationen fehlen. Gegen die menschliche Vergesslichkeit können Sie einen automatisierten Cloud-Backup-Service verpflichten, wie beispielsweise Acronis, Ashampoo Backup Pro 15 oder IONOS Cloud Backup.

Aufbewahrungspflichten

Steuererklärung erledigt! Super, endlich ab mit dem lästigen Steuerkram in den Papierkorb und kräftig die Löschtaste drücken. So einfach geht's leider nicht. Sie haben eine Aufbewahrungspflicht: Für zentrale steuerrelevante Dokumente beträgt sie 8 Jahre, für andere relevante Dokumente wie z. B. Geschäftsbriefe oder E-Mails 6 Jahre. Steuerrelevant sind Dokumente, die Niederschlag in Ihrer Buchführung finden. Im Mittelpunkt stehen dabei die klassischen Buchungsbelege wie z. B. Eingangs- und Ausgangsrechnungen, Barquittungen sowie Kontoauszüge. Es ist nicht immer ganz einfach festzustellen, welche Belege und Daten steuerlich relevant sind. Nicht jeder Brief ist ein Geschäftsbrief, nicht jeder Beleg ein Buchungsbeleg. Als Hilfestellung finden Sie im Downloadbereich ein ABC der steuerrelevanten Belege und Aufbewahrungsfristen. Die Aufbewahrungspflicht gilt dabei für elektronische Dokumente und Dateien genauso wie für Papierdokumente.

Beachten Sie: Die Aufbewahrungsfrist der Buchführungsunterlagen eines Jahres beginnt erst am Ende des Kalenderjahrs, in dem die letzte Buchung vorgenommen wurde, also regelmäßig mit dem Jahr der Bilanzaufstellung.

Ein beispielhaftes **ABC der steuerrelevanten Belege und Aufbewahrungsfristen** finden Sie im Downloadbereich.

Bei der Aufbewahrung gilt der **Grundsatz der formattreuen Archivierung**: Belege müssen in demselben Format unverändert aufbewahrt werden, in dem sie empfangen oder erzeugt wurden, elektronische Dokumente (z. B. E-Mails) in elektronischer Form, Papierbelege in Papierform. Originär elektronische Unterlagen sind also grundsätzlich auch elektronisch aufzubewahren (z. B. Rechnungen im PDF- oder Bildformat). Eine Ausnahme gilt nur dann, wenn Sie Programme so nutzen, als handle es sich um eine Schreibmaschine: also elektronisch erstellte Dokumente nur ausdrucken und per Post versenden. Dann genügt die Aufbewahrung in Papierform.

Eine gute Nachricht fürs papierlose Büro: Das Finanzamt erlaubt „**ersetzendes Scannen**" und anschließendes Vernichten von Papierdokumenten, wenn sichergestellt ist, dass die digitalen Kopien dem Original entsprechen und unveränderbar archiviert werden. Zudem müssen Sie eine Verfahrensdokumentation erstellen, in der Sie die Arbeits- und Scanprozesse definieren und festhalten. Am besten sichern Sie Ihre elektronischen Daten regelmäßig auf einem Datenträger, der technisch gegen Änderungen geschützt ist, mindestens jahresweise als ZIP-Archiv auf einer CD oder DVD. Die elektronischen Daten können Sie auch mithilfe einer Cloudlösung aufbewahren, vorausgesetzt, der Speicherstandort ist in Deutschland. Ist der Serverstandort im Ausland, müssen Sie vorab beim Finanzamt eine Genehmigung beantragen.

KAPITEL V

Buchhaltung und Steuern

IN DIESEM KAPITEL ERFAHREN SIE …

- wie Ihre Buchhaltung aussieht: da Sie Kleingewerbetreibender sind, der bestimmte Umsatz- und Gewinngrenzen nicht überschreitet, zum Glück ziemlich einfach – aber wie Sie sehen werden, ist auch dafür ein solides Grundwissen nötig,
- welche Steuerarten Sie kennen und (eventuell) zahlen müssen: nur drei, wenn Sie Gewerbetreibender sind, und als Freiberufler sogar nur zwei – aber auch hier steckt der Teufel im Detail.

Ich kann Misserfolge akzeptieren, jeder scheitert mal. Aber was ich nicht akzeptieren kann, ist, es gar nicht erst zu versuchen.

– Michael Jordan

Gewinnermittlungsarten: einfach oder doppelt?

Ob Sie wollen oder nicht: Der Fiskus ist nicht nur Ihr ständiger Begleiter, sondern auch Ihr stiller Teilhaber. Sie müssen Ihren Gewinn mit dem Staat teilen. Damit Ihr ungeliebter Partner auch feststellen kann, wie tief er in Ihre Tasche greifen darf, verlangt Vater Staat jährlich von Ihnen einen finanziellen Striptease. Sprich: Sie sind verpflichtet, den Gewinn Ihres Unternehmens jährlich zu ermitteln und gegenüber dem Finanzamt offenzulegen.

Der Fiskus akzeptiert zwei Arten der Gewinnermittlung, wobei Sie nicht in jedem Fall die freie Auswahl zwischen beiden haben.

Gewinnermittlungsarten

- **Einnahmen-Überschuss-Rechnung**
  („einfache Buchführung")
- **Bilanzierung**
  („doppelte Buchführung")

Der Name ist Programm: Die **doppelte Buchführung** ist grundsätzlich „doppelt" so aufwendig wie die Einnahmen-Überschuss-Rechnung. Sie ergibt aber auch ein Mehr an Informationen über Ihre Finanzen.

Je nach Art und Größe Ihres Unternehmens haben Sie die Pflicht bzw. die Möglichkeit, den Gewinn durch **einfache** oder **doppelte Buchführung** zu ermitteln.

Wer darf was?

Es gilt der Grundsatz: Gewerbetreibende müssen grundsätzlich bilanzieren, es sei denn, sie überschreiten bestimmte Umsatz- (< 800.000 €) oder Gewinngrenzen (< 80.000 €) nicht. Anders ausgedrückt: Gewerbetreibende dürfen ihren Gewinn durch die Einnahmen-Überschuss-Rechnung ermitteln, solange sie unterhalb der genannten Gewinn- und Umsatzgrenze bleiben. Freiberufler hingegen dürfen ihren Gewinn ausnahmslos und immer durch **einfache Buchführung** ermitteln, können aber auch freiwillig bilanzieren.

Gut zu wissen: Überschreiten Sie als Gewerbetreibender in einem Jahr die Umsatz- oder Gewinngrenze, dann müssen Sie nicht sofort von der Einnahmen-Überschuss-Rechnung zur Bilanzierung wechseln. Warten Sie ab, bis das Finanzamt Sie dazu auffordert! Erst im Folgejahr nach der Aufforderung sind Sie zum Wechsel verpflichtet.

Die Einnahmen-Überschuss-Rechnung

Die Einnahmen-Überschuss-Rechnung bezeichnet man auch als **einfache Buchführung**, denn sie ist im Vergleich zur „doppelten" Buchführung mit weniger Aufwand verbunden und erfordert nur überschaubare kaufmännische Vorkenntnisse. „Einfach" ist sie auch deswegen, weil bei der Einnahmen-Überschuss-Rechnung für jeden Geschäftsvorfall grundsätzlich nur eine Buchung erfolgt, und zwar bei Zahlung. Also in dem Moment, in dem das Geld aus Ihrem oder in Ihren betrieblichen Geldbeutel strömt. Auch bei der **doppelten Buchführung** ist der Name Programm, denn sie erfasst prinzipiell jeden Vorgang doppelt. Sie ist damit viel aufwendiger und verlangt solide Buchführungskenntnisse.

Wie funktioniert die Einnahmen-Überschuss-Rechnung (EÜR)?

Der Aufbau der EÜR basiert im Wesentlichen auf den folgenden Grundregeln, die zugleich auch den Hauptunterschied zur doppelten Buchführung ausmachen:

Grundregeln der EÜR

- Gewinn = Betriebseinnahmen minus Betriebsausgaben
- Geldflussbetrachtung
- 10-Tage-Regelung bei regelmäßig wiederkehrenden Einnahmen und Ausgaben zum Jahreswechsel (Näheres dazu unten)
- Kein Ausweis und keine Bewertung von Betriebsvermögen
- Bruttoprinzip bei Verbuchung der Umsatzsteuer

Gewinn

Zunächst ganz einfach: Sie ermitteln den Gewinn bei der EÜR durch die Gegenüberstellung der Einnahmen und Ausgaben. Sie addieren Ihre betrieblichen Einnahmen und ziehen davon Ihre Betriebsausgaben ab. Die Differenz ist Ihr Gewinn – oder bei zu geringen Einnahmen oder zu hohen Ausgaben manchmal auch Ihr Verlust.

Geldflussbetrachtung

Die Einnahmen-Überschuss-Rechnung ist eine reine **Geldflussrechnung**. Das bedeutet: Sie haben erst Einnahmen, wenn Ihr Kunde zahlt, und Sie haben erst Ausgaben, wenn Sie Ihre Rechnung beglichen haben. Maßgebend ist also der Zeitpunkt, an dem Einnahmen zufließen oder Ausgaben abfließen. Wann die Rechnung gestellt wurde, ist nicht entscheidend.

Ein Beispiel: Die Rechnung, die Sie an Ihren Kunden im Dezember 2024 geschickt haben und die von Ihrem Kunden erst im Februar 2025 bezahlt wird, gehört in Ihre Gewinnermittlung 2025.

Das Geldflussprinzip ist auch bei Anzahlungen anzuwenden. Erhaltene Anzahlungen von Ihren Kunden sind sofort als Einnahmen zu deklarieren, selbst dann, wenn noch gar keine Leistung erbracht wurde. Gleiches gilt im umgekehrten Fall, wenn Sie Lieferanten oder Handwerker im Voraus für Leistungen bezahlen. Auch dann ist die Zahlung sogleich als Ausgabe zu erfassen.

Auf den Punkt gebracht: Die EÜR betrachtet nur die Bewegungen in der betrieblichen Geldbörse, also nur, was tatsächlich rein oder raus geht. Mit Geldbörse sind hier natürlich das Bankkonto und die Kasse gemeint.

Regelmäßig wiederkehrende Einnahmen und Ausgaben

Kein Prinzip ohne Ausnahmen. Das Geldflussprinzip ist nicht anzuwenden bei **regelmäßig wiederkehrenden Einnahmen und Ausgaben,** die zehn Tage vor Beginn oder nach Beendigung des Kalenderjahres entstehen (10-Tage-Regelung), also in den Zeitraum vom 22. Dezember bis zum 10. Januar fallen. Die Folge: Regelmäßig wiederkehrende Einnahmen und Ausgaben, die in diesen Zeitraum fallen, werden abweichend vom tatsächlichen Geldfluss steuerlich in dem Jahr berücksichtigt, zu dem sie wirtschaftlich gehören. Darum müssen Sie zum Beispiel die Dezember-Miete, die erst am 3. Januar vom Konto abgebucht wird, noch im alten Jahr als Aufwand erfassen. Umgekehrt: Zahlen Sie die Januar-Miete bereits am 27. Dezember, dann ist der Aufwand erst im neuen Jahr zu berücksichtigen.

Kein Ausweis und keine Bewertung von Betriebsvermögen

Sie erinnern sich: Der Gewinn bei der EÜR ermittelt sich durch die Gegenüberstellung der betrieblichen Einnahmen und Ausgaben nach dem Geldflussprinzip. Deswegen müssen bei der EÜR in ihrer einfachsten Form auch **kein Betriebsvermögen und keine Betriebsschulden** ausgewiesen werden.

Sie haben natürlich Betriebsvermögen in Ihrem Unternehmen, nur taucht es in Ihrer EÜR nicht auf. Der EÜR liegt der Gedanke zugrunde, dass jede Veränderung des Betriebsvermögens, die auf betrieblichen Geschäftsvorfällen basiert, sich irgendwann in Form von tatsächlichen Zuflüssen oder Abflüssen von Geld niederschlägt – zu erfassen sind nur die zugrunde liegenden Einnahmen und Ausgaben. Sprich: Forderungen und Verbindlichkeiten spielen keine Rolle – was für die EÜR zählt, ist allein die Zahlung der Rechnung. Eine Inventur des Warenbestands am Jahresende entfällt: Der Wareneinkauf führt bereits zum Zeitpunkt der Zahlung zu einer Betriebsausgabe. Wie viel von der Ware noch auf Lager ist oder tatsächlich verbraucht wurde, ist nicht relevant.

Aber auch hier gibt es Ausnahmen. Bei **abnutzbaren Anlagegütern** (z. B. Maschinen, Büroausstattung, Betriebs-Pkw) sind abweichend vom Geldflussprinzip die steuerlichen Abschreibungsgrundsätze zu beachten. Mit **Abschreibung** ist die Verteilung der Anschaffungskosten über die gesamte im Steuergesetz festgelegte fiktive Nutzungszeit gemeint. Das heißt: Wenn Sie eine Maschine oder ein anderes abnutzbares Anlagegut anschaffen, dürfen Sie nicht den vollen Kaufpreis im Anschaffungsjahr als Betriebsausgabe absetzen, sondern müssen ihn über mehrere Jahre abschreiben. Ausgaben für **nicht abnutzbare Anlagegüter** (z. B. Grundstücke) dürfen sogar erst dann steuerlich berücksichtigt werden, wenn Sie sie verkaufen oder aus dem Betriebsvermögen herausnehmen. Sie sind verpflichtet, ein gesondertes Anlageverzeichnis aller abnutzbaren und nicht abnutzbaren Anlagegüter zu erstellen.

Bruttoprinzip bei der Umsatzsteuer

Nach der Philosophie der Einnahmen-Überschuss-Rechnung ist die ***gezahlte und abgeführte Umsatzsteuer*** *eine* ***Betriebsausgabe,*** während die ***eingenommene und erstattete Umsatzsteuer*** *als* ***Betriebseinnahme*** angesehen wird. Das nennt man auf Buchhalterdeutsch dann Bruttoprinzip bei der Verbuchung der Umsatzsteuer. Letztendlich gleichen sich diese vier Umsatzsteuerposten immer aus, da die Umsatzsteuer gewinnneutral ist.

Genauer: Sie müssen die in den Kundenzahlungen enthaltene Umsatzsteuer erst einmal als Einnahme verbuchen. Zahlen Sie den Betrag dann im Rahmen Ihrer Umsatzsteuer-Voranmeldung ans Finanzamt, entsteht eine Ausgabe.

Bei gezahlten Rechnungen wird genau umgekehrt verfahren. Die an Lieferanten gezahlte Vorsteuer ist Betriebsausgabe und wird bei Erstattung durch den Fiskus als Einnahme verbucht. Per Saldo ist die Umsatzsteuer damit ein durchlaufender Posten, nur dass die Beträge zeitlich getrennt eingehen und abfließen.

Betriebseinnahmen

Grundsätzlich gilt: Alle Einnahmen, die Sie im Rahmen Ihrer selbstständigen Tätigkeit erzielen, sind in Ihrer Gewinnermittlung zu erfassen und letztlich zu versteuern.

Aufgepasst: Bei den Betriebseinnahmen unterscheiden Sie zwischen **originären** und **fiktiven Betriebseinnahmen**. Zu den **originären Betriebseinnahmen** zählt alles, was Sie durch den Verkauf Ihrer Waren und Dienstleistungen sowie durch den Verkauf von Betriebsgegenständen eingenommen haben.

Mit **fiktiven Betriebseinnahmen** sind sogenannte **Privatanteile** gemeint. Das sind Entnahmen aus dem Betriebsvermögen für private Zwecke oder die private Nutzung von betrieblichen Gegenständen wie auch die private Inanspruchnahme von betrieblichen Leistungen. Beispiele: Sie schenken einen betrieblichen PC Ihrer Tochter (Sachentnahme), Sie nutzen Ihren Geschäftswagen auch für Privatfahrten oder Sie telefonieren mit Ihrem Geschäftshandy privat (Privatnutzung).

Warum sind aber die Privatanteile als fiktive Betriebseinnahmen zu erfassen? Ganz einfach: Die Ausgaben für die privat entnommenen Betriebsgegenstände oder für die anteilige Privatnutzung dürfen den Gewinn nicht mindern, sind also steuerlich nicht abzugsfähig. Die Korrektur der Privatanteile erfolgt nicht durch eine anteilige Kürzung der Ausgaben, sondern durch die Berücksichtigung als fiktive Betriebseinnahme. Anders ausgedrückt: Was Sie privat verbrauchen, wird als **fiktive Lieferung oder Leistung gegen Entgelt** von Ihrem Unternehmen an Sie als Privatperson gewertet. Diese Privatanteile werden mit dem steuerlichen Teilwert angesetzt. Aus dem Fachchinesischen übersetzt heißt das: Der Teilwert ist regelmäßig nichts anderes als der aktuelle Marktwert.

Die Privatanteile unterliegen der Umsatzsteuer, sofern Sie nicht umsatzsteuerlicher Kleinunternehmer sind oder zu einer umsatzsteuerbefreiten Berufsgruppe (z. B. Ärzte) gehören. Das ist so, weil Sie zunächst beim Kauf des PC oder Pkw die gezahlte Vorsteuer vollständig geltend gemacht haben und somit die dem Privatanteil zuzurechnende Vorsteuer Ihnen zu Unrecht vom Fiskus erstattet wurde. Mit der Umsatzbesteuerung des Privatverbrauchs wird dies korrigiert.

Auf den Punkt gebracht: Die Verwendung von betrieblichen Gegenständen für private Zwecke ist als **fiktive Betriebseinnahme** zu versteuern. Zusätzlich fällt Umsatzsteuer an. Nur für Geldbeträge gilt diese Regel nicht, ihre Entnahme wirkt sich nicht auf den Gewinn aus.

Betriebsausgaben

Betriebsausgaben sind Kosten, die Ihnen im Rahmen Ihres Gewerbebetriebs entstehen, die also betrieblich veranlasst sind. Das heißt im Umkehrschluss: Privat veranlasste Kosten haben in Ihrer Gewinnermittlung nichts zu suchen. Betriebsausgaben sind also von den Kosten der privaten Lebensführung abzugrenzen. Bei Abgrenzungsschwierigkeiten stellen Sie sich einfach die Frage, ob die Kosten auch anfallen würden, wenn es Ihren Betrieb nicht gäbe. Wenn ja, dann handelt es sich regelmäßig nicht um Betriebsausgaben, sondern um private Kosten. Kosten der privaten Lebensführung sind insbesondere Ausgaben für den privaten Haushalt, für Essen und Trinken, für Kleidung und Freizeitaktivitäten. Private Kosten sind nicht auf betrieblicher Ebene steuerlich abzugsfähig, sie können jedoch unter Umständen, je nach Art und Anlass, als **Sonderausgaben** oder **außergewöhnliche Belastungen** in der Einkommensteuererklärung geltend gemacht werden.

Alles unkompliziert, oder? Zumindest in den Fällen, in denen Ausgaben ausschließlich betrieblich oder ausschließlich privat verursacht sind. Ärger kann der Fiskus aber machen, wenn die Kosten nicht allein betrieblich veranlasst sind, sondern auch im Zusammenhang mit der privaten Lebensführung stehen, sogenannte **gemischte Ausgaben**. So gewährt das Finanzamt den Betriebsausgabenabzug regelmäßig nur dann, wenn der Privatanteil unter 10 % liegt und damit von untergeordneter Bedeutung ist oder der betriebliche Kostenanteil sich leicht und einwandfrei vom Privatvergnügen trennen lässt. Anders ausgedrückt: Ist bei gemischten Ausgaben eine nachvollziehbare Trennung zwischen privater und betrieblicher Veranlassung nicht möglich, sind die Kosten insgesamt nicht abzugsfähig. Als eindeutig trennbar gelten laut Rechtsprechung beispielsweise: Pkw-Kosten (trennbar durch Fahrtenbuch), Telefonkosten (trennbar durch Einheiten) oder Arbeitszimmer (trennbar durch Quadratmeter).

Ob Ausgaben *notwendig, üblich oder zweckmäßig* sind, beeinträchtigt zunächst nicht die betriebliche Veranlassung und die Abzugsfähigkeit. Unübliche Ausgaben können aber für den Fiskus ein gewichtiges Indiz sein, dass die Ausgaben überwiegend privat veranlasst sind. So dürfte das Finanzamt regelmäßig hellhörig werden und genauer nachhaken bei Ausgaben für den luxuriösen Sportwagen, für den neusten LED-TV oder für die betriebliche Golfclubmitgliedschaft. Wer Teures von der Steuer absetzen will, muss gute Argumente ins Feld führen, damit der Fiskus nicht die Rote Karte zeigt.

Betriebsausgabe ist nicht gleich Betriebsausgabe

Je nach Art der Betriebsausgaben können diese sofort, auf mehrere Jahre verteilt (Abschreibung) oder erst zu einem späteren Zeitpunkt steuerlich abgezogen werden. Bestimmte Betriebsausgaben sind nicht oder nur beschränkt abzugsfähig.

Mit Blick auf die Auswirkung auf den steuerlichen Gewinn sind also die folgenden Betriebsausgaben zu unterscheiden:

Arten von Betriebsausgaben

- Sofort abziehbare Betriebsausgaben
- Nicht sofort abziehbare Betriebsausgaben
- Nicht abziehbare und beschränkt abziehbare Betriebsausgaben
- Vorweggenommene Betriebsausgaben

Sofort abziehbare Betriebsausgaben

Zu den **sofort abziehbaren Betriebsausgaben** gehören alle betrieblichen laufenden Ausgaben wie z. B. Lohn- und Gehaltszahlungen, Miet- und Zinszahlungen, Telefonkosten, Porto, Büromaterial, Beratungskosten, Werbekosten etc.

Nicht sofort abziehbare Betriebsausgaben

Zu den **nicht sofort abziehbaren Betriebsausgaben** zählen Ausgaben für die Anschaffung oder Herstellung von Anlagegütern. Anlagegüter sind betriebliche Gegenstände, die dazu gedacht sind, längerfristig in Ihrem Unternehmen zu verbleiben (> 1 Jahr). Bei **abnutzbaren Anlagegütern** (Maschinen, Pkw, Büromöbel) sind die Anschaffungs- oder Herstellungskosten nur ratenweise – über mehrere Jahre – abzugsfähig, steuerlich sind sie als **Abschreibungen** zu berücksichtigen.

Zu unterscheiden sind davon Ausgaben, die durch die Anschaffung von **nicht abnutzbaren Anlagegütern** entstehen, z. B. Grundstücken, Wertpapieren und Beteiligungen. In diesen Fällen gilt: Die Anschaffungs- oder Herstellungskosten sind erst dann als Betriebsausgaben zu erfassen, wenn die Anlagegüter verkauft oder aus dem Betriebsvermögen entnommen werden.

Beschränkt oder nicht abziehbare Betriebsausgaben

Bestimmte im Steuergesetz aufgezählte Betriebsausgaben sind nach dem Willen des Fiskus nur beschränkt oder gar nicht abziehbar. Zu den **beschränkt oder nicht abziehbaren Betriebsausgaben** zählen zum Beispiel:

- Geschenke an Geschäftsfreunde
- Kosten für die Bewirtung von Geschäftsfreunden
- Mehraufwendungen für die Verpflegung auf Geschäftsreisen
- Aufwendungen für ein häusliches Arbeitszimmer
- Geldbußen, Ordnungsgelder und Verwarnungsgelder sind nicht abziehbar, ebenso Schmier- oder Bestechungsgelder.

Vorweggenommene Betriebsausgaben

Keiner sollte planlos starten. Der weitsichtige Gründungswillige plant sorgfältig seine Existenzgründung, doch dadurch können bereits vor dem offiziellen Start Kosten entstehen. Der Fiskus unterstützt Sie in Ihrem Gründungsvorhaben, indem er auch Betriebsausgaben anerkennt, die Ihnen vor der Anmeldung Ihrer selbstständigen Tätigkeit entstanden sind. Verschenken Sie also kein Geld an das Finanzamt, weil Sie für die Vorlaufkosten keine Belege gesammelt haben.

Die sachlichen Anforderungen an die Abzugsfähigkeit von Gründungskosten unterscheiden sich nicht von denen normaler Betriebsausgaben. Es gilt auch hier: Die Kosten müssen betrieblich veranlasst sein. Einen „in Stein gemeißelten" Zeitpunkt, ab wann Gründungskosten steuerlich frühestens geltend gemacht werden können, gibt es nicht. Aber: Der wirtschaftliche Zusammenhang zwischen den Ausgaben und der Gründung muss eindeutig erkennbar sein. Beispiele für vorweggenommene Betriebsausgaben sind:

- Fortbildungskosten und Fachliteratur
- Beratungskosten (z. B. Gründerberater, Steuerberater)
- Reisekosten (z. B. wegen Fortbildung, Beratungstermin)
- Markterkundungskosten, Gebühren für Genehmigungen
- Büromaterial, Porto und Telekommunikationskosten

TIPP: BISLANG PRIVAT GENUTZTE GEGENSTÄNDE ABSCHREIBEN

Bei fast jeder Existenzgründung kommt es vor: Sie nutzen privat angeschaffte Gegenstände neuerdings hauptsächlich betrieblich. Oft sind das mehr Gegenstände, als man denkt.

Hier einige Beispiele: Bürostuhl, Schreibtisch, Laptop, Drucker, Werkzeuge oder Pkw. Nutzen Sie diese Gegenstände aus Ihrem Privatbesitz überwiegend betrieblich, dann legen Sie sie in Ihren Betrieb mit dem aktuellen Marktwert ein und machen Sie diese steuermindernd geltend.

Welche Steuern Sie kennen müssen

Als Unternehmer haben Sie täglich mit vielen Steuern und Abgaben zu tun. Über die Masse der Steuerarten müssen Sie in Ihrer Unternehmerpraxis nicht Bescheid wissen, denn die meisten davon betreffen Sie nur indirekt und Sie zahlen sie unbewusst. Denken Sie etwa an die Mineralölsteuer, wenn Sie Ihren Geschäftswagen auftanken, oder an die Kaffee- oder Sektsteuer beim Geschäftsessen!

Für die Praxis von kleineren Unternehmen und Freiberuflern sind letztlich nur die folgenden Steuerarten von wesentlicher Bedeutung:

- Umsatzsteuer
- Gewerbesteuer
- Einkommensteuer

Ein grundlegendes Wissen über diese Steuerarten ist Pflicht für jeden Unternehmer.

Ein reicher Mann ist oft nur ein armer Mann mit sehr viel Geld.

– Aristoteles Onassis

Umsatzsteuer – der Umsatzbringer für den Fiskus

Die Umsatzsteuer ist nicht nur eine der wichtigsten Einnahmequellen des Staates, sie gehört auch zu den kompliziertesten Steuerarten. Das Grundprinzip ist recht simpel, aber der Teufel steckt bekanntlich im Detail. Das Umsatzsteuerrecht glänzt nicht nur durch eine verwirrende Fülle an Vorschriften und eine Vielzahl von Ausnahmeregelungen, es unterliegt auch ständigen Änderungen. Im Rahmen dieses Ratgebers können wir deswegen nur die Grundlagen des Umsatzsteuerrechts aufgreifen.

Das Wichtigste vorweg: Die von Ihnen eingenommene Umsatzsteuer gehört nicht Ihnen, sondern dem Fiskus. Sie macht nur vorübergehend in Ihrer Tasche Halt, bevor sie sich auf den Weg zum Finanzamt macht!

Bevor wir in die unendlichen Weiten des Umsatzsteuerrechts vorstoßen, sollten Sie vorab über ein paar Begriffe Bescheid wissen. In der Praxis herrscht nicht selten Verwirrung über die Bedeutung der Begriffe **Umsatzsteuer** und **Mehrwertsteuer**. Die Auflösung ist einfach: Die Begriffe sind Synonyme, inhaltlich völlig gleichbedeutend. Der Fachmann spricht von Umsatzsteuer, weil das Steuerrecht nur ein Umsatzsteuergesetz, aber kein Mehrwertsteuergesetz kennt. Der steuerliche Laie spricht dagegen eher von Mehrwertsteuer. Dann gibt es noch den Begriff der **Vorsteuer**. Als Vorsteuer bezeichnet man die Umsatzsteuer, die auf Ihren Eingangsrechnungen lastet, also jene Umsatzsteuer, die Sie an Ihre Lieferanten oder Dienstleister zahlen. Wissen sollten Sie auch noch, was mit **brutto** und **netto** gemeint ist. Brutto bedeutet ganz einfach inklusive Umsatzsteuer und netto heißt ohne Umsatzsteuer.

So funktioniert die Umsatzbesteuerung

In Deutschland haben wir ein **Allphasen-Netto-Umsatzsteuersystem mit Vorsteuerabzug**. Keine Angst: Klingt kompliziert, ist es aber nicht. Das Grundprinzip ist schnell erklärt: Bei jedem Umsatz in einer Leistungs- oder Produktionskette schlägt der jeweils ausführende Unternehmer auf seine Rechnung Umsatzsteuer auf – egal, ob der Kunde Endverbraucher oder selbst Unternehmer ist (daher Allphasensteuer) – und reicht diese an den Fiskus weiter. Umsatzsteuer, die der Unternehmer selbst für den Wareneinkauf oder für erhaltene Dienstleistungen zahlt, also die sogenannte Vorsteuer, darf er vorher von der eingenommenen Umsatzsteuer abziehen (daher Netto-Umsatzsteuer mit Vorsteuerabzug). Im Ergebnis führt der Unternehmer also nur die Steuer auf den Mehrwert ab, den er geschaffen hat, womit zugleich das Rätsel gelöst ist, warum die Umsatzsteuer landläufig auch Mehrwertsteuer genannt wird.

Für den Unternehmer ist die Umsatzsteuer ein *durchlaufender Posten*, weil er die gezahlte Vorsteuer vom Finanzamt zurückbekommt und die eingenommene Umsatzsteuer dort abliefern muss. Die Umsatzsteuer ist darauf ausgerichtet, dass sie wirtschaftlich vom privaten Endverbraucher getragen wird, da dieser sich die gezahlte Umsatzsteuer vom Fiskus nicht zurückholen kann. Die Pflicht zur Berechnung und Abführung an den Fiskus obliegt aber allein dem Unternehmer.

Aufgepasst: Vom Fiskus dürfen Sie natürlich nur die gezahlte Vorsteuer auf Betriebsausgaben zurückfordern. Anders ausgedrückt: Die Vorsteuer auf Privatausgaben dürfen Sie nicht steuerlich geltend machen.

Damit es sich einprägt, das Ganze noch einmal kurz und bündig: Von der eingenommenen Umsatzsteuer dürfen Sie die von Ihnen als Unternehmer gezahlte Vorsteuer abziehen, unterm Strich bleibt die sogenannte **Zahllast**, die Sie ans Finanzamt melden und abliefern müssen. Ein Beispiel schafft Klarheit:

Beispiel: Nehmen wir an, ein Einzelhändler kauft ein Faxgerät für 100 € netto zuzüglich 19 % Umsatzsteuer (= 19 €) beim Großhändler ein, also für 119 € brutto. Dieses Gerät verkauft der Einzelhändler im selben Monat an einen privaten Endkunden für 150 € netto plus 19 % Umsatzsteuer (28,50 €) weiter, also für 178,50 € brutto. Welche Zahllast muss der Einzelhändler an das Finanzamt abführen, wenn man von der vereinfachten Annahme ausgeht, dass dies sein einziges Geschäft im Abrechnungszeitraum ist? Die Lösung: Der Einzelhändler muss 9,50 € als Zahllast an das Finanzamt melden und überweisen. Und so wird's gerechnet: Der Einzelhändler hat seinem Kunden Umsatzsteuer in Höhe von 28,50 € in Rechnung gestellt und kassiert. Diesen Betrag schuldet er dem Fiskus, er kann jedoch vorab die an den Großhändler gezahlte Vorsteuer in Höhe von 19 € davon abziehen. Per Saldo errechnet sich also eine Zahllast von 9,50 € (= eingenommene Umsatzsteuer 28,50 € abzüglich gezahlter Vorsteuer 19 €).

In der nachstehenden Grafik ist das Beispiel veranschaulicht.

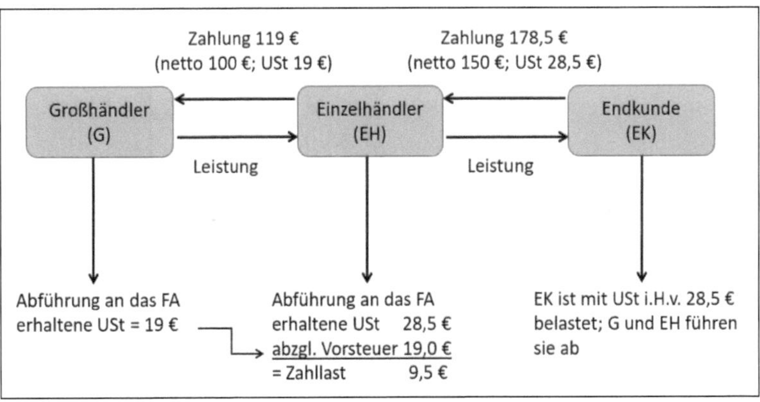

Die Welt ist in Ordnung, wenn im laufenden Betrieb die eingenommene Umsatzsteuer über der gezahlten Vorsteuer liegt. Dann sind nämlich auch Ihre Betriebseinnahmen höher als Ihre Betriebsausgaben – ein sehr erstrebenswerter Zustand. Aber gerade in der Startphase ist es nicht selten umgekehrt: Existenzgründer müssen erst einmal mehr ausgeben, als sie einnehmen. Die Summe der gezahlten Vorsteuer übersteigt dann die eingenommene Umsatzsteuer. Im Ergebnis entsteht also ein Vorsteuerüberhang, den Sie vom Fiskus im Rahmen Ihrer Umsatzsteuervoranmeldung erstattet bekommen.

Egal ob Umsatzsteuer-Zahllast oder Vorsteuer-Erstattung: Als umsatzsteuerpflichtiger Unternehmer müssen Sie dem Fiskus regelmäßig über Ihre Geschäfte in Form von Umsatzsteuer-Voranmeldungen berichten.

Umsatzsteuer-Voranmeldungen

Vorab muss die Frage geklärt werden: Bin ich überhaupt umsatzsteuerpflichtig? Sofern Sie eine gewerbliche oder selbstständige Tätigkeit ausüben, lautet die Antwort: Ja – jeder Unternehmer unterliegt grundsätzlich der Umsatzsteuerpflicht! Aber auch diese Regel ist nicht ohne Ausnahme: Für **umsatzsteuerliche Kleinunternehmer** oder für umsatzsteuerbefreite Berufsgruppen existieren besondere Regelungen. Doch dazu später mehr.

Als umsatzsteuerpflichtiger Unternehmer müssen Sie den Fiskus regelmäßig über Ihre Geschäfte durch Abgabe von Umsatzsteuer-Voranmeldungen informieren. Der Abgaberhythmus kann monatlich oder vierteljährlich sein. Beträgt die abzuführende Umsatzsteuer nicht mehr als 9.000 €, sind die Umsatzsteuer-Voranmeldungen quartalsweise abzugeben, ansonsten muss die Voranmeldung monatlich erfolgen. Im Jahr der Existenzgründung ist hierfür eine sachgerechte Schätzung vorzunehmen. Später richtet sich der Rhythmus für die Abgabe der Umsatzsteuer-Voranmeldungen nach der vorjährige Umsatzsteuerschuld (eingenommene Umsatzsteuer abzüglich Vorsteuer). Liegt

Ihre Umsatzsteuer-Zahllast sogar unter 2.000 €, verzichtet der Fiskus auf unterjährige Voranmeldungen und verlangt nur die Abgabe einer Umsatzsteuer-Jahreserklärung. Übrigens: Die Abgabe einer Umsatzsteuer-Jahreserklärung ist für jeden Unternehmer obligatorisch, unabhängig davon, in welchem Rhythmus unterjährig Umsatzsteuer-Voranmeldungen abgegeben werden.

Termine für die Umsatzsteuer-Voranmeldung

Die Umsatzsteuer-Voranmeldungen sind bei monatlicher Meldepflicht spätestens am 10. des jeweiligen Folgemonats abzugeben. Beispielsweise muss der Unternehmer seine Voranmeldung für den Monat Februar bis zum 10. März abgegeben haben. Bei vierteljährlicher Meldepflicht gelten die Stichtage 10. April für das 1. Quartal, 10. Juli für das zweite Quartal, 10. Oktober für das dritte Quartal und 10. Januar für das vierte Quartal. Fällt das Datum auf einen Samstag, Sonntag oder Feiertag, verlängert sich die Abgabefrist und Fälligkeit automatisch bis zum nächsten Werktag.

Gut zu wissen: Dauerfristverlängerung. Falls für Sie die standardmäßige 10-Tages-Frist zu sportlich bemessen ist, um Ihre Umsatzsteuer-Voranmeldung abzugeben, beantragen Sie eine Dauerfristverlängerung. Voranmeldung und Geld sind dann erst am Zehnten des übernächsten Monats fällig. Beispielsweise brauchen Sie die Voranmeldung für Januar erst am 10. März statt am 10. Februar abzugeben. Weil der Fiskus sein Geld einen Monat später bekommt und er damit Zinsen verliert, müssen Sie vorab eine einmalige Sondervorauszahlung leisten, um in den Genuss der Dauerfristverlängerung zu kommen. Diese Sondervorauszahlung erhalten Sie später zurück – sie wird mit der Umsatzsteuerzahllast für Dezember verrechnet.

Elektronische Übermittlung

Der Fiskus verlangt von Ihnen, dass Sie die Umsatzsteuer-Voranmeldungen auf elektronischem Weg abgeben. Die Daten können Sie mithilfe einer passenden Buchführungs-Software an das Finanzamt übermitteln oder über das Dienstleistungsportal der Finanzverwaltung (www.elster.de).

Umsatzsteuer-Jahreserklärung

Mit der Abgabe der Umsatzsteuer-Voranmeldungen ist es noch nicht ganz getan. Der Fiskus verlangt noch mehr, nämlich die Abgabe einer Umsatzsteuer-Jahreserklärung. Rechtlich gesehen wird's jetzt ernst, da Sie bislang nur Umsatzsteuer-Voranmeldungen abgegeben haben. Haben Sie Ihre Einnahmen-Überschuss-Rechnung fertiggestellt, liegen Ihnen endgültige Werte über die eingenommene Umsatzsteuer und die abziehbare Vorsteuer vor. Diese finalen Beträge vergleichen Sie mit den Angaben in Ihren Umsatzsteuer-Voranmeldungen. Je nachdem, ob Sie im Rahmen Ihrer Voranmeldungen zu wenig oder zu viel vorausgezahlt haben, müssen Sie noch nachzahlen oder erhalten eine Erstattung. Die Umsatzsteuer-Jahreserklärung ist bis zum 31. Juli des Folgejahres beim Finanzamt einzureichen. Sofern Sie einen Steuerberater beauftragt haben, verlängert sich die Frist automatisch bis zum 28.2. des übernächsten Jahres.

Welcher Umsatzsteuersatz: 0 %, 7 % oder 19 %?

Der allgemeine Umsatzsteuersatz (= Regelsteuersatz) in Deutschland beträgt 19 %. Die meisten Selbstständigen unterliegen mit ihren Umsätzen dem Regelsteuersatz. Allerdings: Der Gesetzgeber gewährt aus politischen, sozialen oder wirtschaftlichen Gründen bestimmten Waren oder Leistungen den ermäßigten Steuersatz von 7 %. Eine Reihe von Unternehmen oder Leistungen sind sogar vollständig umsatzsteuerbefreit (0 %).

Zu den wichtigsten Waren und Leistungen, die dem ermäßigten Steuersatz von 7 % unterliegen, zählen:

- Lebensmittel (des täglichen Bedarfs)
- Pflanzen und Tiere
- Bücher, Zeitschriften
- kulturelle Veranstaltungen (z. B. Theateraufführungen, Konzerte, Museen) sowie Kunstgegenstände u. Ä.
- Hotelübernachtungen und Personennahverkehr (bis 50 km): Taxi, öffentliche Verkehrsmittel, Bahn

Zu den selbstständigen Berufen oder auch Einrichtungen, deren Leistungen **vollständig von der Umsatzsteuer befreit** sind, zählen hauptsächlich:

- medizinische Berufe: Ärzte (Humanmedizin), Heilpraktiker, Hebammen, Krankengymnasten, Psychotherapeuten u. Ä.
- Bausparkassen- und Versicherungsvertreter
- staatlich anerkannte Schulen und Bildungsträger
- Krankenhäuser, Pflegeheime und ambulante Pflegedienste
- gemeinnützige Einrichtungen

Aufgepasst! Es gilt grundsätzlich: Wenn keine Umsatzsteuer, dann auch kein Vorsteuerabzug. Das heißt: Wenn Sie mit Ihren Einnahmen von der Umsatzsteuer befreit sind, sind Sie im Gegenzug nicht zum Vorsteuerabzug berechtigt, können sich also die gezahlte Vorsteuer nicht vom Fiskus zurückholen. Bei gemischten Umsätzen, also wenn Ihre Umsätze teilweise umsatzsteuerpflichtig und teilweise umsatzsteuerfrei sind, dürfen Sie die Vorsteuer nur anteilig abziehen.

Aber: Von dem Vorsteuerausschluss sind wiederum steuerfreie Auslandsumsätze ausgenommen, die Ausfuhrlieferungen, innergemeinschaftliche EU-Lieferungen und bestimmte grenzüberschreitende Dienstleistungen betreffen. Also: Trotz Umsatzsteuerbefreiung erlaubt der Gesetzgeber in diesen Fällen ausnahmsweise den Vorsteuerabzug.

Kleinunternehmerregelung: ja oder nein?

Die Kleinunternehmerregelung gewährt Ihnen umsatzsteuerliche Erleichterungen: Sie müssen Ihren Kunden keine Umsatzsteuer in Rechnung stellen und sparen sich die lästigen Umsatzsteuer-Voranmeldungen und Umsatzsteuererklärungen. Als umsatzsteuerlicher Kleinunternehmer gelten Sie, wenn Ihre Umsätze bestimmte Grenzen nicht überschreiten, genauer:

> ❶ wenn Ihr Gesamtumsatz im Vorjahr unter 25.000 € lag
>
> **und**
>
> ❷ im laufenden Jahr die Marke von 100.000 € nicht überschreitet.

Bei Einhaltung der Umsatzgrenzen dürfen Sie die Kleinunternehmerregelung in Anspruch nehmen. Unter Gesamtumsatz ist grundsätzlich die Summe aller steuerpflichtigen Umsätze zu verstehen. Dieser bezieht sich immer auf Nettoumsätze, also auf die Einnahmen ohne Umsatzsteuer. Bei der Berechnung des Gesamtumsatzes bleiben umsatzsteuerbefreite Umsätze unberücksichtigt.

Bei Neugründungsfällen gilt im Gründungsjahr die Umsatzgrenze von 25.000 € in voller Höhe. Die Grenze ist ein Jahreswert – sie wird nicht zeitanteilig gekürzt, wenn Sie mitten im Jahr starten. In den Folgejahren gilt für das laufende Jahr die Umsatzgrenze von 100.000 € als absoluter Grenzwert. Das bedeutet: Überschreiten Sie im laufenden Jahr die Umsatzschwelle von 100.000 €, entfällt ab diesem Zeitpunkt der Kleinunternehmerstatus. Die unmittelbare Folge: Der übersteigende Betrag unterliegt sofort der Umsatzsteuer. Der bis dahin erzielte Umsatz bleibt aber steuerfrei.

Ist Ihr Umsatz im laufenden Jahr über 25.000 €, aber unter der Grenze von 100.000 €, dann können Sie für das laufende Jahr noch Kleinunternehmer bleiben. Aber: Im Folgejahr fallen Sie automatisch aus der Kleinunternehmerregelung raus, weil die Vorjahresumsatzgrenze überschritten wurde. Das heißt auch: Wenn Sie dauerhaft in den Genuss der Kleinunternehmerregelung kommen wollen, dürfen Ihre Umsätze jedes Jahr 25.000 € nicht überschreiten.

Wichtig ist, dass Sie Ihre Umsätze stets im Blick haben. Sobald Sie in einer der Grenzen geknackt haben, greift die Umsatzsteuerpflicht sofort bzw. im Folgejahr. Stellen Sie erst später fest, dass Sie Umsatzsteuer auf Ihre Rechnungen hätten aufschlagen müssen, ist es meistens zu spät. Rechnungen sind oft nicht mehr änderbar. Die Konsequenz: Sie müssen die fällige Umsatzsteuer aus Ihren eingenommenen Umsätzen herausrechnen und nachzahlen, obwohl Sie sie von Ihren Kunden gar nicht bekommen haben. Das tut weh! Sinkt in einem Jahr Ihr Gesamtumsatz wieder unter die Marke von 25.000 €, dürfen Sie im Folgejahr zur Kleinunternehmerregelung zurückkehren.

Beachten Sie: Die Kleinunternehmerregelung ist ein Wahlrecht. Der Gesetzgeber gibt Ihnen die Möglichkeit, auf die Steuerbefreiung zu verzichten und freiwillig zur Umsatzsteuerpflicht zu optieren. Haben Sie sich im Rahmen Ihrer Existenzgründung dafür entschieden, sind Sie allerdings für fünf Jahre daran gebunden. Nach den fünf Jahren können Sie die Kleinunternehmerregelung anwenden, vorausgesetzt, Sie liegen unter den bekannten Umsatzgrenzen.

EU-Kleinunternehmer: Deutsche Unternehmer können auch für in anderen EU-Staaten erzielte Umsätze die Kleinunternehmerregelung nutzen. Voraussetzung ist, dass der unionsweite Jahresumsatz die Grenze von 100.000 € nicht übersteigt und der im jeweiligen EU-Staat gültige Schwellwert eingehalten wird. Dafür muss der inländische Unternehmer an einem elektronischen Meldeverfahren beim Bundeszentralamt für Steuern teilnehmen und vierteljährliche Umsatzmeldungen abgeben. Das Meldeverfahren dient der Kontrolle, ob die Voraussetzungen für die unionsweite Anwendung der Kleinunternehmerregelung eingehalten werden.

Die Kleinunternehmerregelung ist nicht immer von Vorteil

Klingt verlockend: Keine Umsatzsteuer in Rechnung stellen und das Theater mit den Umsatzsteuer-Voranmeldungen sparen. Aber das ist nur eine Seite der Medaille. Da Sie für den Fiskus keine Umsatzsteuer eintreiben, bekommen Sie im Gegenzug auch keine gezahlte Vorsteuer erstattet. Das kann für Sie von Nachteil sein. Eingenommene Umsatzsteuer mit gezahlter Vorsteuer zu verrechnen, kann bares Geld bringen. Gerade in der Startphase tätigen viele Gründer teure Anschaffungen und geben mehr aus, als sie einnehmen. Durch den Vorsteuerabzug werden die Investitionen und Ausgaben günstiger, sie verbilligen sich nämlich um die erstattete Vorsteuer.

Ob die Kleinunternehmerregelung für Sie vorteilhafter ist oder ob Sie mit der **Regelumsatzbesteuerung** besser abschneiden, lässt sich nicht pauschal beantworten, sondern hängt vom Einzelfall ab. Stehen Sie vor der Entscheidung „Kleinunternehmer oder nicht?“, sollten Sie die folgenden Kriterien abwägen: Arbeiten Sie hauptsächlich für andere Unternehmen oder für Privatkunden? Haben Sie größere Investitionen oder hohe laufende Ausgaben, die mit Vorsteuer belastet sind?

Bei Ihrer Entscheidungsfindung können Sie folgende Faustregeln beherzigen:

- Bieten Sie Ihre Leistungen nur umsatzsteuerpflichtigen Unternehmen an, dann ist grundsätzlich die Regelumsatzbesteuerung vorteilhafter. Einerseits tut die in Rechnung gestellte Umsatzsteuer Ihren Geschäftskunden nicht weh, sie holen sich die gezahlte Umsatzsteuer nämlich als Vorsteuer vom Finanzamt zurück; die in Rechnung gestellte Umsatzsteuer wirkt sich damit nicht kostenbelastend für Ihre Geschäftskunden aus. Andererseits erwerben Sie selbst den Steuervorteil des Vorsteuerabzugs, damit werden Ihre Ausgaben billiger.
- Wenn Sie hauptsächlich für Privatkunden oder umsatzsteuerbefreite Unternehmen tätig sind, schneiden Sie mit der Kleinunternehmer-

regelung vielleicht besser ab. Denn bei Umsatzsteuerpflicht müssen Sie Umsatzsteuer auf jede Rechnung aufschlagen und damit erhöht sich der Endpreis für Ihre Kunden. Die gezahlte Umsatzsteuer können sich Privatkunden oder umsatzsteuerbefreite Unternehmen aber nicht vom Finanzamt zurückholen – sie sind damit wirtschaftlich mit der Umsatzsteuer belastet. Als Kleinunternehmer weisen Sie erst gar keine Umsatzsteuer aus und Ihre Privatkunden zahlen faktisch nur den Nettobetrag. Im Vergleich zu Ihren umsatzsteuerpflichtigen Mitbewerbern können Sie Ihre Leistungen um die ersparte Umsatzsteuer günstiger anbieten – damit haben Sie einen Angebotsvorteil. Sofern Sie zudem noch wenig vorsteuerbelastete Ausgaben haben, fahren Sie wahrscheinlich mit der Kleinunternehmerregelung besser. Was aber tun, wenn Sie gemischte Auftraggeber haben, also sowohl vorsteuerabzugsberechtigte Geschäftskunden als auch Privatkunden? In diesem Fall heißt es: Rechnen! Sie müssen abwägen, ob die höheren Kosten aufgrund des fehlenden Vorsteuerabzugs nicht den Preisvorteil für Privatkunden aufgrund der ersparten Umsatzsteuer auffressen. Je niedriger Ihre Kosten und Investitionen im Verhältnis zum erzielbaren Umsatz, desto mehr spricht für die Kleinunternehmerregelung. Aber fragen Sie sich auch, ob Ihnen die Kleinunternehmer-Regelung aus Imagegründen steht. In Ihren Rechnungen müssen Sie darauf hinweisen, warum Sie keine Umsatzsteuer ausweisen. Damit outen Sie sich als kleines Unternehmen. Nicht selten ist deswegen schon ein Auftrag verloren gegangen.

Achtung: In diesen Fällen schuldet auch der Kleinunternehmer die Umsatzsteuer!

Als Kleinunternehmer sind Sie grundsätzlich von der Umsatzsteuer befreit. Es gibt jedoch wichtige Ausnahmen, bei denen auch ein Kleinunternehmer Umsatzsteuer abführen muss. Dazu zählen:

- Einfuhrumsatzsteuer: Beim Import von Waren außerhalb der EU fällt diese Steuer an.

- Besteuerung von innergemeinschaftlichen Erwerben: Dies betrifft Sie beim Kauf von Waren aus einem anderen EU-Land.
- Wechsel der Steuerschuldnerschaft (Reverse-Charge-Verfahren): Hier übernimmt der Leistungsempfänger die Steuerschuld des ausländischen Unternehmers.

Ein praxisnahes Beispiel, wann Umsatzsteuer für Kleinunternehmer fällig wird, ist die Schaltung von Online-Werbung bei Facebook oder Google. Da es sich um ausländische Anbieter handelt, gilt das Reverse-Charge-Verfahren: Die Steuerschuld geht auf den Leistungsempfänger über – also auf Sie als Kleinunternehmer. Das bedeutet, dass Sie die Umsatzsteuer direkt an das deutsche Finanzamt zahlen müssen.

Da Kleinunternehmer keinen Vorsteuerabzug geltend machen können, bleibt die Steuerlast vollständig bei Ihnen.

Auch wenn das zunächst nach einer zusätzlichen Belastung klingt, entsteht Ihnen kein finanzieller Nachteil. Würde Google Ihnen eine Rechnung mit Umsatzsteuer ausstellen, wäre der Gesamtbetrag identisch – mit dem einzigen Unterschied, dass Sie die Steuer nicht an Google, sondern direkt an das Finanzamt zahlen.

Richtig abrechnen: die ordnungsgemäße Rechnung

Rechnung bekommen: Achten Sie immer darauf, dass alle formalen Voraussetzungen für eine ordnungsgemäße Rechnung erfüllt sind. Sie müssen deswegen so genau auf die Rechnungsformalien achten, weil bei unvollständigen Rechnungen der Verlust des Vorsteuerabzugs droht!

Denn: Die Rechnung erfüllt im Umsatzsteuersystem eine wichtige Funktion. Der leistende Unternehmer erklärt mit der Rechnung, dass er die eingenommene Umsatzsteuer an die Staatskasse abführt, und der Rechnungsempfänger erwirbt mit der Rechnung das Recht zum Vorsteuerabzug. Genau prüfen gilt also gleich doppelt: zum einen für Ihre Eingangsrechnungen, weil Fehler Ihren Vorsteuerabzug gefährden. Zum anderen sollten Sie als Rechnungsaussteller fehlerfreie Ausgangsrechnungen erstellen, um Ärger mit den Kunden und unnötige Mehrarbeit zu vermeiden. Geld für den Fiskus, Ärger mit den Kunden – das muss nicht sein. Damit es keine Probleme gibt, ist auf die Einhaltung folgender Kriterien bei Ihren Rechnungen zu achten:

Was auf einer Rechnung nicht fehlen darf

Welche Mindestangaben eine Rechnung enthalten muss, hängt in erster Linie vom Rechnungsbetrag ab. Bei Kleinbetragsrechnungen mit einem Gesamtbetrag unter 250 € gelten Erleichterungen. Dagegen sind bei Rechnungen, die den Rechnungsbetrag von 250 € inklusive Umsatzsteuer überschreiten, grundsätzlich die folgenden Pflichtangaben erforderlich:

Pflichtangaben bei Rechnungsbeträgen > 250 €	
❶	Name und Anschrift des leistenden Unternehmers und des Leistungsempfängers
❷	Steuernummer oder Umsatzsteuer-Identifikationsnummer des leistenden Unternehmers
❸	Rechnungsdatum
❹	Fortlaufende Rechnungsnummer
❺	Menge und Bezeichnung der gelieferten Produkte bzw. Art und Umfang der erbrachten Dienstleistungen
❻	Liefer- oder Leistungsdatum
❼	Nettoentgelt, aufgeschlüsselt nach Steuersätzen und Steuerbefreiungen, sowie eine im Voraus vereinbarte Minderung des Entgelts (z. B. Skonto)
❽	Umsatzsteuersatz und Umsatzsteuerbetrag, aufgeschlüsselt nach Steuersätzen, und im Fall der Steuerbefreiung ein Hinweis auf die zutreffende Steuerbefreiungsvorschrift

Jetzt fragen Sie sich: Auf der Quittung von der Tankstelle oder aus dem Büroartikelmarkt steht aber mein Name nicht drauf – verliere ich jetzt meinen Vorsteuerabzug? Nein, für sogenannte Kleinbetragsrechnungen bis zu einem Gesamtbetrag von 250 € gelten erleichterte Anforderungen. Das heißt: Nicht alle der oben genannten Pflichtangaben wie beispielsweise Ihr korrekter Name und Ihre Anschrift sind erforderlich. Kleinbetragsrechnungen müssen die folgenden Mindestangaben enthalten:

Pflichtangaben bei Rechnungsbeträgen < 250 €
❶ Name und Anschrift des leistenden Unternehmers
❷ Genaue Liefer- bzw. Leistungsbezeichnung
❸ Bruttoentgelt
❹ Umsatzsteuersatz

Bitte beachten Sie, dass bei bestimmten Umsätzen Besonderheiten bei der Rechnungsstellung gelten, z. B. bei Auslandsgeschäften, Bauleistungen, Differenzgeschäften u. a.

Übrigens: Kleinunternehmer müssen auf ihrer Rechnung den Grund für die fehlende Umsatzsteuer angeben; ein solcher Hinweis könnte so aussehen: „Der Rechnungsbetrag enthält nach § 19 UStG keine Umsatzsteuer" oder „Kein Ausweis von Umsatzsteuer, da Kleinunternehmer gemäß § 19 UStG".

E-Rechnungspflicht ab 2025

Ab dem 01.01.2025 wird die E-Rechnung im B2B-Bereich (Geschäfte zwischen Unternehmen) in Deutschland verpflichtend. Unternehmen, die Leistungen oder Produkte an andere Unternehmen verkaufen, müssen ab diesem Zeitpunkt E-Rechnungen ausstellen und auch empfangen können. Um den Übergang zu erleichtern, gelten bis 2027 Übergangsregelungen, die eine schrittweise Anpassung erlauben.
Für den B2C-Bereich (Geschäfte mit Privatpersonen) gilt diese Pflicht nicht. Hier können weiterhin Papierrechnungen oder PDF-Rechnungen verwendet werden.

Die Einführung der E-Rechnung basiert auf EU-weiten Bestrebungen zur Digitalisierung und Bekämpfung von Umsatzsteuerbetrug. Sie ist der erste Schritt hin zu einem einheitlichen Meldesystem, über das

Unternehmen künftig ihre B2B-Umsätze transaktionsbezogen melden. Jedes Jahr entgehen den EU-Staaten Milliarden Euro durch gefälschte Papierrechnungen. Mit fälschungssicheren digitalen Prozessen soll die E-Rechnung diesen Missstand beheben.

Was ist eine E-Rechnung und welche Formate gibt es?

Vorab zur Klarstellung: Eine E-Rechnung ist nicht mit einer einfachen PDF-Rechnung zu verwechseln, die per E-Mail versendet wird. Eine E-Rechnung ist ein strukturierter, maschinenlesbarer Datensatz von Rechnungsinhalten, der elektronisch übermittelt, empfangen und automatisiert verarbeitet werden kann. Dadurch wird eine durchgehende digitale Bearbeitung von der Erstellung der Rechnung bis zur Zahlung der Rechnungsbeträge und deren Verarbeitung in der Buchhaltung möglich. Die zwei gängigsten E-Rechnungsformate in Deutschland sind:

- **X-Rechnung:** Ein reines **XML-Format**, das nur aus maschinenlesbaren Daten besteht. Dieses Format ist optimal für die automatische Verarbeitung, aber nicht gut für das menschliche Auge lesbar, da es keine visuelle Darstellung der Rechnung bietet.
- **ZUGFeRD:** Ein **hybrides Format**, das eine **PDF-Datei mit XML-Daten** kombiniert. Die Rechnung ist sowohl lesbar für den Menschen (PDF) als auch maschinell auswertbar (XML).

Ab 2025 werden die meisten Rechnungsprogramme beide Formate unterstützen. Durch die Kombination aus Lesbarkeit für den Menschen und maschineller Verarbeitung wird das hybride Format (ZUGFeRD) voraussichtlich das führende Format. Es eignet sich besonders für kleinere Unternehmen, die sowohl manuelle als auch automatisierte Rechnungsprozesse für verschiedene Kundentypen (B2B und B2C) abwickeln müssen.

Rechnungsausgangsseite: Was Sie als Rechnungsaussteller beachten müssen

Ab dem 01.01.2025 müssen Rechnungen im B2B-Bereich als E-Rechnung ausgestellt werden. Um den Übergang zu erleichtern, gelten bis zum 31.12.2026 Übergangsregelungen, die Ihnen als Rechnungsaussteller die Wahlfreiheit lässt, ob Sie Ihre Rechnungen in Papierform, als E-Rechnung oder in einem anderen elektronischen Format ausstellen.

01.01.2025 bis 31.12.2026:
Papierrechnungen dürfen weiterhin ohne Zustimmung des Empfängers verwendet werden. Andere elektronische Formate (wie PDF oder TIFF) sind ebenfalls zulässig, sofern der Empfänger zustimmt – dies kann auch durch konkludentes Handeln, wie etwa die Zahlung, erfolgen.

01.01.2026 bis 31.12.2027:
Für Selbstständige mit einem Jahresumsatz unter 800.000 Euro gilt eine verlängerte Übergangsfrist. In diesem Zeitraum dürfen weiterhin Papierrechnungen und sonstige elektronische Formate verwendet werden, wobei letztere der Zustimmung des Empfängers bedürfen.

Ab 01.01.2028:
Ab diesem Datum müssen alle Rechnungen im B2B-Bereich im strukturierten Format (z. B. X-Rechnung oder ZUGFeRD) ausgestellt werden. Papierrechnungen und PDF sind dann im B2B-Bereich nicht mehr zulässig.

Hinweis zu Ausnahmen: Für Rechnungen unter 250 Euro (Kleinbetragsrechnungen) und Fahrausweise besteht auch nach 2027 keine Pflicht zur E-Rechnung. Auch bei Berufsgruppen, die umsatzsteuerfreie Umsätze erzielen (z. B. Ärzte, Versicherungsvertreter), und Kleinunternehmer greift die E-Rechnungspflicht auf der Ausgangsseite nicht.

Rechnungseingangsseite: Was Sie als Rechnungsempfänger beachten müssen

Ab dem 01.01.2025 müssen Unternehmen in der Lage sein, E-Rechnungen zu empfangen. Die Pflicht zur Empfangsbereitschaft trifft alle Unternehmen, auch umsatzsteuerbefreite Selbstständige (wie z. B. Ärzte, Versicherungsvertreter) und Kleinunternehmer. Eine Ablehnung des Empfangs von E-Rechnungen ist nicht möglich. Die technischen Anforderungen für den Empfang variieren je nach verwendetem Format:

- **Hybrides Format (z. B. ZUGFeRD):** Die Anforderungen sind gering, da die Rechnung sowohl ein lesbares PDF als auch eine eingebettete XML-Datei enthält. Für den Empfang und die Bearbeitung genügt in der Regel eine E-Mail-Adresse oder ein Kundenportal-Download.
- **Reines XML-Format (z. B. X-Rechnung):** Für den Empfang reiner XML-Rechnungen wird eine spezielle Software (z. B. ein Rechnungsprogramm) oder zumindest ein XML-Viewer benötigt, um die Daten lesbar zu machen.

Am besten einigen Sie sich mit dem Rechnungsaussteller auf das hybride Format (ZUGFeRD), da es die Flexibilität bietet, Rechnungen sowohl manuell zu bearbeiten als auch automatisiert weiterzuverarbeiten. So halten Sie sich beide Optionen offen und können je nach Bedarf flexibel agieren.

Klarstellender Hinweis: Der Kleinunternehmer ist zwar von der Verpflichtung befreit, E-Rechnungen auszustellen, aber den Empfang einer E-Rechnung muss er gewährleisten können.

Die Gewerbesteuer – ein Unikat

Die deutsche Gewerbesteuer ist ein echtes Unikat, denn im Ausland sucht man nach einer Steuer dieser Art vergeblich. Der Gedanke hinter der Gewerbesteuer: Sie soll Ausgleich für die Infrastrukturlasten schaffen, die durch die Ansiedlung von Gewerbebetrieben verursacht werden. Die Gelder aus der Gewerbesteuer fließen fast vollständig in den Gemeindesäckel und jede Gemeinde hat das Recht, die Höhe der Gewerbesteuer über den Hebesatz selbst zu bestimmen.

Wer muss Gewerbesteuer zahlen und wie viel?

Der Name sagt es: Wer einen Gewerbebetrieb betreibt, unterliegt der Gewerbesteuer, also jeder Gewerbetreibende. Im Umkehrschluss heißt das: Für Freiberufler ist die Gewerbesteuer kein Thema. Kapitalgesellschaften sind kraft Rechtsform der Gewerbesteuer unterworfen. Gewerbesteuerpflichtig sind zwar alle Gewerbetreibenden, aber gewerbliche Einzelunternehmer und Personengesellschaften profitieren von einem Freibetrag in Höhe von 24.500 €. Sofern also Ihr Gewinn unter dieser Marke liegt, ist keine Gewerbesteuer fällig. Erst wenn Sie diesen Freibetrag überschreiten, ist auf den übersteigenden Betrag Gewerbesteuer zu zahlen. Angenommen, Ihr Gewinn beträgt 25.000 €, dann sind 24.500 € frei und der Restbetrag von 500 € ist der Gewerbesteuer zu unterwerfen.

Ausgangswert „Gewinn"

Bemessungsgrundlage für die Gewerbesteuer ist der Gewerbeertrag. Achtung, der Gewerbeertrag ist nicht gleichzusetzen mit dem Gewinn aus Ihrem Gewerbebetrieb. Ausgangswert für die Berechnung ist zwar grundsätzlich der Gewinn, dieser ist jedoch noch durch eine Reihe von gewerbesteuerlichen Hinzurechnungen und Kürzungen anzupassen. Ist der Gewerbeertrag ermittelt, ist im nächsten Schritt der Gewerbesteuermessbetrag zu berechnen, der sich aus der Multiplikation des Gewerbeertrags mit der einheitlichen Steuermesszahl von 3,5 % ergibt. Zum Schluss ist der ermittelte Gewerbesteuermessbetrag mit dem von Ihrer Heimatgemeinde festgelegten Hebesatz zu multiplizieren und das Ergebnis ist die Gewerbesteuer.

Einfach, oder? Das Ganze noch einmal kurzgefasst: Die Gewerbesteuer errechnet sich aus dem vom Gewinn abgeleiteten Gewerbeertrag, multipliziert mit 3,5 % und dem für die jeweilige Gemeinde gültigen Hebesatz. Zur Verdeutlichung nachstehend ein Beispiel.

Beispiel: Angenommen, Sie haben einen Gewinn (genauer: vorläufigen Gewerbeertrag) von 40.000 € und der Hebesatz Ihrer Heimatgemeinde beträgt 360 %, dann fällt Gewerbesteuer in Höhe von 1.953 € an. Der Betrag errechnet sich wie folgt: 40.000 € minus Freibetrag von 24.500 € = 15.500 € Gewerbeertrag × 3,5 % Steuermesszahl = 542,50 € Gewerbesteuermessbetrag × Gemeindehebesatz 360 % = 1.953 € Gewerbesteuer.

Anrechnung der Gewerbesteuer bei der Einkommensteuer

Das ist doch ungerecht: Der Gewerbetreibende muss Gewerbesteuer berappen, der Freiberufler nicht. Klingt nach einer steuerlichen Doppelbelastung für Gewerbetreibende – ist es aber nicht. Denn das wird bei der Kritik leicht vergessen: Die an die Gemeinde gezahlte Gewerbesteuer ist bei der Einkommensteuer anrechenbar, das heißt, die gezahlte

Gewerbesteuer mindert Ihre Einkommensteuerschuld. Also zahlt der Gewerbetreibende zwar Gewerbesteuer und Einkommensteuer, doch aufgrund der Anrechnung der Gewerbesteuer bei der Einkommensteuer zahlt er grundsätzlich betragsmäßig nicht mehr Steuern als der Freiberufler! Das gilt, sofern Ihre Gemeinde einen Gewerbesteuerhebesatz unter 400 % erhebt, dann ist nämlich Ihre gezahlte Gewerbesteuer vollständig auf Ihre Einkommensteuerschuld anrechenbar.

Wenn's mal nicht so läuft – Vortrag von Verlusten

Ein kleiner Trost für den Fall, dass Sie Verluste mit Ihrem Gewerbebetrieb machen: Sie müssen dann keine Gewerbesteuer zahlen und die Verluste können Sie steuerlich vortragen. Das heißt, Sie können die Verluste in den Folgejahren mit Gewinnen verrechnen und so Steuern sparen.

Steuererklärung und Vorauszahlungen

Die Gewerbesteuererklärung ist grundsätzlich bis zum 31. Juli des Folgejahres beim Finanzamt einzureichen – haben Sie einen Steuerberater, verlängert sich die Frist automatisch bis zum 28. Februar des übernächsten Jahres.

Das Besteuerungsverfahren bei der Gewerbesteuer verläuft zweigeteilt. Das Finanzamt ist zuständig für die Festsetzung des Gewerbesteuermessbetrags und für den Erlass des Gewerbesteuermessbetragsbescheids. Die Gemeinde schlägt dann auf den vom Finanzamt ermittelten Gewerbesteuermessbetrag ihren Hebesatz auf und teilt Ihnen die zu zahlende Gewerbesteuer per Gewerbesteuerbescheid mit. Zahlen müssen Sie die Gewerbesteuer an Ihre Gemeinde.

Unterjährig sind vierteljährliche Gewerbesteuer-Vorauszahlungen zu leisten. Die Termine sind 15. Februar, 15. Mai, 15. August und 15. November. Basis für die Festsetzung der Vorauszahlungen sind in den ersten beiden Jahren Ihrer Selbstständigkeit Ihre Angaben im steuerlichen Fragebogen; danach bemessen sich die Vorauszahlungen auf der Grundlage des letzten Steuerbescheids. Sollten sich im laufenden Jahr Änderungen gegenüber den finanziellen Verhältnissen ergeben, auf denen die Vorauszahlungen basieren, können Sie jederzeit beim Finanzamt einen Antrag auf Anhebung oder Herabsetzung der Vorauszahlungen stellen.

Die Einkommensteuer – eine für alle

Eine für alle: Ob Unternehmer, Arbeitnehmer, Kapitalanleger, Vermieter oder Rentner – über die Universalwaffe Einkommensteuer kriegt der Fiskus fast alle. Die Einkommensteuer ist eine Personensteuer, das heißt, sie greift auf die Einkunftsquellen von natürlichen Personen zu. Dabei spielen weder die Staatsangehörigkeit noch das Alter noch das Geschlecht eine Rolle. Einzig und allein die Tatsache, dass Sie in Deutschland wohnen oder sich länger als sechs Monate im Jahr hierzulande aufhalten (gewöhnlicher Aufenthalt), berechtigt den Fiskus, die Hände aufzuhalten.

Die Einkommensteuer ist für Selbstständige die wichtigste Steuer, weil sie betragsmäßig am stärksten ins Gewicht fällt. Und: Der Staat hält nicht nur bei Einkünften aus Ihrer unternehmerischen Tätigkeit die Hand auf, sondern erhebt auch Steueransprüche auf Einkünfte aus allen denkbaren Geldquellen – sogar auf Einkünfte, die Sie im Ausland erzielen.

Unter **Einkünften** versteht der Gesetzgeber nichts anderes als die Differenz aus den jeweiligen Einnahmen und Ausgaben einer Einkunftsart. Bei unternehmerischen Einkünften ist das bekanntlich der Gewinn bzw. Verlust.

Die Einkommensteuer kennt sieben Einkunftsarten:

Sieben Einkunftsarten des Einkommensteuerrechts	
❶	Einkünfte aus Land- und Forstwirtschaft
❷	Einkünfte aus Gewerbebetrieb (als Gewerbetreibender)
❸	Einkünfte aus selbstständiger Arbeit (als Freiberufler)
❹	Einkünfte aus nichtselbstständiger Arbeit (als Arbeitnehmer)
❺	Einkünfte aus Kapitalvermögen
❻	Einkünfte aus Vermietung und Verpachtung
❼	Sonstige Einkünfte (z. B. Renten)

Ermittlung des zu versteuernden Einkommens

Die Einkommensteuer ist eine Jahressteuer. Nach Ablauf eines jeden Kalenderjahres ermittelt der Steuerpflichtige die Einkünfte für jede Einkunftsart zunächst einzeln, so etwa die Einkünfte aus selbstständiger Tätigkeit und die Einkünfte einer eventuell daneben noch ausgeübten nichtselbstständigen Tätigkeit. Das Ergebnis der einzelnen Einkünfte wird dann in einen Topf geschmissen und vermischt. So können Verluste aus einer Einkunftsart mit positiven Einkünften aus anderen Quellen verrechnet werden. Zum Beispiel kann ein etwaiger Verlust aus Ihrem Kleingewerbe mit den Einkünften aus Ihrer Angestelltentätigkeit verrechnet werden.

Übrigens: Wenn Sie verheiratet sind und gemeinsam mit Ihrem Ehepartner eine Steuererklärung abgeben, werden auch dessen Einkünfte beigemischt. Das Gemisch aller Einkünfte nennt sich dann auf Amtsdeutsch **Summe der Einkünfte**.

Nun beginnt die private, aber steuerlich zu berücksichtigende Ebene des Steuerpflichtigen. Denn ausgehend von der Summe der Einkünfte können noch bestimmte Privatausgaben, nämlich **Sonderausgaben** und **außergewöhnliche Belastungen**, und eventuelle **Freibeträge** abgezogen werden. Auch etwaige **Verlustvorträge aus Vorjahren** sind vorweg abziehbar. Das Überbleibsel ist das zu versteuernde Einkommen, auf das letztlich der Steuertarif anzuwenden ist.

Das war die Kurzform – das genaue Berechnungsschema des zu versteuernden Einkommens ist in Wahrheit etwas komplizierter.

Ermittlung des zu versteuernden Einkommens (leicht verkürzte Darstellung)
Summe der sieben Einkunftsarten (siehe oben)
– Altersentlastungsbetrag
= Gesamtbetrag der Einkünfte
– Verlustvortrag aus Vorjahren
– Sonderausgaben
– außergewöhnliche Belastungen
= Einkommen
– Freibeträge (z. B. Kinderfreibetrag)
= zu versteuerndes Einkommen
× Steuertarif
= zu zahlende Einkommensteuer

Verluste: Verlustvortrag und Verlustrücktrag

Nicht selten entstehen in der Startphase Anlaufverluste, aber auch später kann immer mal ein verlustträchtiges Jahr vorkommen. Davor ist kein Unternehmer gefeit. Diese Verluste gehen nicht verloren, sondern sie können zunächst im Entstehungsjahr mit anderen eigenen Einkünften oder bei Zusammenveranlagung mit Einkünften Ihres Ehepartners verrechnet werden. Wenn danach immer noch ein Verlustbetrag bleibt, können Sie damit Ihre Steuern in anderen Jahren senken. Sie haben die Möglichkeit des **Verlustvortrags**, das heißt, Sie können den Verlust in künftigen Jahren von positiven Einkünften abziehen. Alternativ können Sie auch durch einen Verlustrücktrag den Verlust auf Ihre Einkünfte des Vorjahres oder sogar des Vorvorjahres anrechnen lassen und sich so bereits gezahlte Einkommensteuer zurückholen. Sie können grundsätzlich frei wählen, ob Sie Verluste vortragen oder zurücktragen. Rechnen Sie einfach aus, welche Alternative für Sie lohnender ist.

Sonderausgaben und außergewöhnliche Belastungen

Sie wissen: Kosten der privaten Lebensführung sind steuerlich nicht abzugsfähig. Aber aus wirtschaftspolitischen oder sozialen Gründen erklärt der Gesetzgeber ausnahmsweise eine Reihe von Privatausgaben für steuerlich abzugsfähig, nämlich besagte Sonderausgaben und außergewöhnliche Belastungen. Sie bleiben aber von ihrer Art her private Ausgaben.

Das Gesetz zählt einen abschließenden Katalog von Privatkosten auf, die als **Sonderausgaben** steuerlich abzugsfähig sind – zum Teil allerdings nur im Rahmen bestimmter Höchstbeträge. Dabei kann man zwischen Vorsorgeaufwendungen (Beiträge zu Kranken-, Pflege-, Arbeitslosen-, Unfall-, Haftpflicht-, Renten-, Lebens- und Berufsunfähigkeitsversicherungen) und sonstigen Sonderausgaben (z. B. Kirchensteuer, Kinderbetreuungskosten oder Spenden) unterscheiden.

Außergewöhnliche Belastungen sind im Gegensatz dazu im Gesetz nicht beispielhaft aufgezählt, sondern nur allgemein beschrieben. Hat ein Steuerpflichtiger zwangsläufig größere Aufwendungen als die überwiegende Mehrzahl derjenigen Steuerpflichtigen, die die gleichen

Einkommens- und Vermögensverhältnisse und den gleichen Familienstand haben wie er, dann liegen außergewöhnliche Belastungen vor. Der Gesetzgeber will all jenen Steuerpflichtigen helfen, die unfreiwillig größere Ausgaben haben. Auf den ersten Blick sollte man glauben, dass hierunter zahlreiche Sachverhalte fallen. Bei genauer Betrachtung legt das Finanzamt die Messlatte allerdings hoch an. Tatsächlich fallen unter außergewöhnliche Belastungen hauptsächlich: Krankheitskosten, Kosten wegen Behinderung, Unterhaltszahlungen oder Pflegekosten.

Achtgegeben: Der Fiskus mutet Ihnen regelmäßig zu, dass Sie einen Eigenanteil dieser Kosten tragen. Daher sind nur jene Ausgaben steuerlich abzugsfähig, die die **zumutbare Belastung** übersteigen. Noch eins: Soweit Sie diese Kosten von Dritten erstattet bekommen, sind Sie nicht belastet und können steuerlich auch nichts geltend machen.

Der Einkommensteuertarif

Die Einkommensteuer errechnet sich durch Anwendung des Steuertarifs auf das zu versteuernde Einkommen. Zuerst muss also das zu versteuernde Einkommen ermittelt werden (siehe oben). Darauf ist in einem zweiten Schritt der Steuertarif aufzuschlagen. Die Einkommensteuer hat einen progressiven Steuertarif. Klingt kompliziert – und ist es auch. Grob übersetzt heißt **Steuerprogression**: Je mehr Sie verdienen, desto größer wird der Anteil, den der Staat als Steuer kassiert. Oder etwas salopp ausgedrückt: Wer mehr Asche macht, wird auch stärker zur Kasse gebeten. Das nennt der Fiskus dann Besteuerung nach der wirtschaftlichen Leistungsfähigkeit.

Der Staat gewährt jedem Steuerpflichtigen einen **Grundfreibetrag**, bis zu dem keine Steuer anfällt. Damit will der Gesetzgeber das Einkommen freistellen, das für den existenznotwendigen Lebensbedarf gebraucht wird (Existenzminimum). Bei Ledigen sind derzeit die ersten 12.096 € des Einkommens steuerfrei und bei Verheirateten bleibt das Doppelte unbesteuert, also 24.192 €. Wenn dieser Grundfreibetrag überschritten ist, geht die steuerliche Belastung los – mit einem Eingangssteuersatz von 14 %. Der Steuersatz steigt mit wachsendem Einkommen bis auf 42 % (68.481 €). Bei Verheirateten gilt immer der doppelte Einkommensbetrag. Wichtig: In dieser Einkommenszone wird nicht jeder verdiente Euro gleich besteuert, sondern jeder zusätzliche Euro wird höher besteuert als der vorhergehende. Anders ausgedrückt: Für jeden Euro zusätzliches Einkommen wird ein höherer Steuersatz veranschlagt. Ab einem Einkommen von 68.481 € (Verheiratete: 136.962 €) wird jeder zusätzlich verdiente Euro mit 42 % gleichbleibend besteuert.

Sie haben's geschafft, wenn Sie einen Steuersatz von 45 % zahlen. Denn ab einem Einkommen von 277.826 € (Verheiratete: 555.652 €) springt der Steuersatz noch einmal – auf den Reichensteuersatz von 45 %.

Die Einkommensteuer lässt sich wegen des komplizierten Tarifs nicht mal schnell per Hand ausrechnen. Mathematisches Können über die Grundrechenarten hinaus ist Mindestvoraussetzung. Aber keine Angst, es geht auch ohne akrobatische Gehirngymnastik. Denn der Fiskus veröffentlicht Einkommensteuertabellen, aus denen Sie die Einkommensteuer einfach ablesen können.

Grundtabelle für Ledige/Splitting-Tabelle für Verheiratete ***(Steuertarif 2025, auszugsweise)***			
Zu versteuerndes Einkommen in €	Einkommensteuer in € (Grund/Splitting)	Durchschnitts-steuersatz in % (Grund/Splitting)	Grenzsteuersatz in % (Grund/Splitting)
bis 12.096	0/0	0,0/0,0	0,0/0,0
20.000	1.639/0	8,2/0,0	24,9/0,0
30.000	4.303/970	14,3/3,2	28,4/19,4
40.000	7.320/3.278	18,3/8,2	31,9/24,9
50.000	10.691/5.854	21,4/11,7	35,5/26,6
60.000	14.415/8.606	24,0/14,3	39,0/28,4
70.000	18.488/11.536	26,4/16,5	42,0/30,2
80.000	22.688/14.640	28,4/18,3	42,0/31,9
90.000	26.888/17.922	29,9/19,9	42,0/33,7
100.000	31.088/21.382	31,1/21,4	42,0/35,5

Dabei ist zwischen zwei Tabellen zu unterscheiden: Die Grundtabelle gilt für Alleinstehende und die Splitting-Tabelle für Verheiratete.

Die Tabellen enthalten neben der Einkommensteuer wichtige Zusatzinformationen für Sie, nämlich den **Durchschnitts- und den Grenzsteuersatz**. Das Wissen um den Durchschnitts- und Grenzsteuersatz hilft Ihnen bei den Fragen, in welcher Höhe Sie Steuerrücklagen bilden sollten und welche Steuerersparnis Ihre geplanten Investitionen tatsächlich bringen. Der **Durchschnittssteuersatz** gibt an, welcher Prozentsatz des gesamten zu versteuernden Einkommens an Steuern zu zahlen ist. Oder anders gesagt: Er gibt Auskunft darüber, welchen prozentualen Anteil an Ihrem Einkommen der Fiskus als Steuer kassiert. Angenommen, Sie planen als Alleinstehender mit einem Jahreseinkommen von 50.000 €, dann müssen Sie weniger als ein Viertel (21,4 %) Ihres Monatseinkommens für Steuerzahlungen zurücklegen.

Wenn Sie wissen wollen, wie groß der Staatsanteil an Ihren Einnahmen aus einem Zusatzauftrag ist, oder umgekehrt, wie hoch die Steuerersparnis durch eine Investition ist, müssen Sie Ihren Grenzsteuersatz kennen. Der **Grenzsteuersatz** gibt an, mit welchem Prozentsatz ein zusätzlich verdientes Einkommen besteuert wird oder ein Einkommensrückgang (Betriebsausgabe) steuerlich entlastend wirkt. Beachten Sie: Je größer der Einkommensbetrag ist, auf den der Grenzsteuersatz angewandt wird, desto ungenauer ist die errechnete zusätzliche Steuerbelastung oder Steuerentlastung.

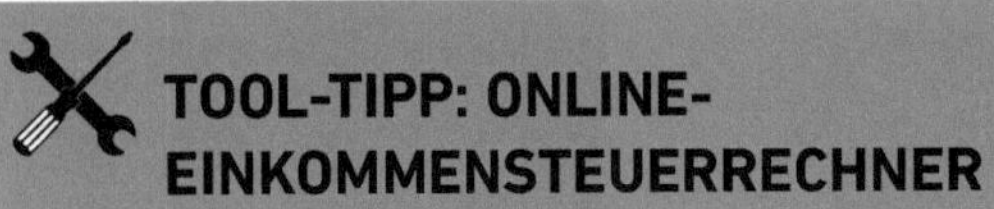

Sie können die Einkommensteuer sowie den Durchschnitts- und Grenzsteuersatz auch mithilfe des folgenden Online-Einkommensrechners ermitteln:

www.bmf-steuerrechner.de

Einkommensteuererklärung und Vorauszahlungen

Alle Jahre wieder: Als Selbstständiger müssen Sie für jedes abgelaufene Kalenderjahr grundsätzlich bis zum 31. Juli des Folgejahres eine Einkommensteuererklärung abgeben. Steuerpflichtige, die durch einen Steuerberater vertreten werden, genießen den Vorteil, dass sich die Abgabefrist automatisch bis zum 28. Februar des übernächsten Jahres verlängert. Aber auch, wenn Sie die Steuererklärung selbst machen, können Sie eine Fristverlängerung beantragen.

Ehegatten geben üblicherweise gemeinsam eine Steuererklärung ab. Die Zusammenveranlagung ist in der Regel durch gemeinsame Ausnutzung von Freibeträgen und durch Anwendung des Splitting-Tarifs günstiger. Beim **Splitting-Verfahren** wird die Einkommensteuer nach der Hälfte des gemeinsam zu versteuernden Einkommens berechnet und dann verdoppelt. Dadurch wird in Fällen, in denen die Ehegatten unterschiedlich verdienen oder sogar ein Ehepartner kein Einkommen hat, der Progression die Spitze genommen.

Weil der Fiskus nicht ein ganzes Jahr lang auf seine Einnahmen warten will, verlangt er vierteljährliche Vorauszahlungen auf Ihre später festzustellende Steuerschuld, fällig zum 10. März, 10. Juni, 10. September und 10. Dezember.

Wer kein Ziel hat, kann auch keines erreichen.

– Laotse

Liquiditätsfalle Steuervorauszahlungen

Ob Einkommensteuer oder Gewerbesteuer: Ihre tatsächliche Steuerschuld lässt sich erst nach Ablauf des Jahres im Zuge der Steuererklärung ermitteln. Der Fiskus will aber nicht ein ganzes Jahr auf seine Einnahmen warten, sondern hält bereits unterjährig die Hand auf. Das heißt, Sie haben vierteljährliche Vorauszahlungen auf Ihre später festzustellende Steuerschuld zu leisten.

Das System der Vorauszahlungen ist kein Novum des Steuerrechts, sondern begegnet uns in vielen Bereichen des Alltags. Beispielsweise bei der Stromabrechnung: Am Anfang werden Vorauszahlungen für den Stromverbrauch geschätzt, später werden durch Ablesen des Stromzählers der tatsächliche Stromverbrauch und die Stromkosten ermittelt. Je nachdem, ob Sie zu viel oder zu wenig vorausgezahlt haben, kommt es zu einer Erstattung oder Nachzahlung.

Das Gleiche gilt für das Steuerrecht: erst vierteljährlich vorauszahlen, später bei der endgültigen Steuerfestsetzung eine Erstattung kassieren oder nachzahlen!

Existenzgründer legen die Höhe der Vorauszahlungen am Anfang selbst fest, indem sie im steuerlichen Fragebogen die Fragen zum erwarteten Gewinn im ersten und zweiten Jahr beantworten. Die sich aus diesen Angaben ergebende Jahressteuer ist dann in vier Raten vorauszuzahlen. Liegt der erste Steuerbescheid vor, werden auf seiner Basis die Vorauszahlungen für das laufende Jahr festgesetzt. In den Folgejahren basieren die laufenden Vorauszahlungen immer auf dem zuletzt festgesetzten

Bescheid. Das Finanzamt geht also von der vereinfachten Annahme aus, dass Ihre aktuellen Einkommensverhältnisse genauso wie im letzten Steuerbescheid sind.

Doch Obacht: Zu den größten Hürden einer erfolgreichen Existenzgründung zählt die Fehleinschätzung von Einkommensteuervorauszahlungen. Seien Sie bei der Schätzung realistisch. Wenn Sie zu Beginn Ihrer Selbstständigkeit versuchen, sich gegenüber dem Finanzamt arm zu rechnen, um möglichst geringe oder vielleicht gar keine Vorauszahlungen leisten zu müssen, droht beim ersten Steuerbescheid das böse Erwachen.

Aber auch der umgekehrte Fall, wenn Sie zu hohe Vorauszahlungen leisten, kann Sie in die Liquiditätskrise reißen. Sie zahlen auf Gewinne Steuern voraus, die Sie nicht erwirtschaften. Geld, das in Ihrem Betrieb fehlt!

So oder so: Behalten Sie die Höhe Ihrer Vorauszahlungen im Blick. Dies setzt voraus, dass Sie Ihre Buchführung zeitnah im Griff und Ihren Gewinn vor Augen haben. Rechnen Sie Ihren laufenden Gewinn aufs Jahr hoch und gleichen Sie Ihre Schätzung mit den Grundlagen ab, auf denen die Vorauszahlungen basieren. Sofern sich eine hohe Abweichung nach oben oder unten ergibt, reagieren Sie, indem Sie einen Änderungsantrag beim Finanzamt stellen oder Rücklagen bilden.

STEUERFALLE NEBENGEWERBE – RÜCKLAGEN BILDEN

Erinnern Sie sich? Die Einkommensteuer greift auf Ihre gesamten Einkunftsquellen und bei gemeinsamer Veranlagung auch auf die Ihres Ehepartners zu. Üben Sie oder Ihr Ehepartner zum Beispiel eine Angestelltentätigkeit aus, dann überschreitet wahrscheinlich das Einkommen hieraus schon den steuerlichen Grundfreibetrag, mit der Folge, dass Sie bereits auf den ersten verdienten Euro aus Ihrem Kleingewerbe Einkommensteuer zahlen müssen. Das bedeutet, dass nur ein Bruchteil des verdienten Gelds Ihnen gehört. Am besten, Sie bilden laufend Steuerrücklagen, bevor Sie das verdiente Geld für allerlei Wichtiges und Unwichtiges ausgeben und es später zum bösen Erwachen kommt.

Wie können Sie den Anteil bestimmen, der für die Steuer zurückgelegt werden soll? Rechnen Sie Ihr Gesamteinkommen ohne den Gewinn aus dem Nebenerwerb zusammen, runden Sie den Betrag auf den nächsten Zehntausenderbetrag auf. Jetzt gehen Sie in die Einkommensteuertabelle im vorherigen Kapitel und lesen den für den Betrag geltenden Grenzsteuersatz ab (alternativ: www.bmf-steuerrechner.de). Wenn Sie diesen Steuersatz von jedem verdienten „Gewinn-Euro“ aus Ihrem Nebenerwerb für das Finanzamt zur Seite legen, sind Sie vor einer bösen Überraschung gefeit.

Suche nicht nach Fehlern, suche nach Lösungen.

– Henry Ford

KAPITEL VI

Finanzierung, Fördermittel und Businessplan

IN DIESEM KAPITEL ERFAHREN SIE …

- dass es zwar manchmal hilft, den Gürtel enger zu schnallen und auf Fremdfinanzierung zu verzichten, dass Ihre Existenzgründung aber mit „a little help from my friends“, einem Bank-Kredit, Leasing-Vertrag oder – cooler – mit Unterstützung von Crowds und Business Angels oft schneller vorankommt – und wie Sie sich dabei auch aus staatlichen Fördertöpfen bedienen können,
- dass Sie Behörden und Kreditgeber von Ihrer Geschäftsidee überzeugen müssen, indem Sie einen guten Businessplan schreiben – und dass dessen allerwichtigster Adressat Sie selbst sind.

Man muss das Unmögliche versuchen, um das Mögliche zu erreichen.

– Hermann Hesse

Finanzierung und Fördermittel

Die Hauptursache für das Scheitern von Existenzgründungen sind Finanzierungsprobleme. In den häufigsten Fällen ist nicht die Zurückhaltung der Banken, sondern der Unternehmer selbst verantwortlich für die finanzielle Misere. Viele Gründer denken, sie hätten keinen Finanzierungsbedarf, weil sie kein Geld für Maschinen, Material oder Waren benötigen. Sie vergessen jedoch, dass die Umsätze in der Startphase regelmäßig nicht ausreichen, um die betrieblichen Kosten zu decken und den Lebensunterhalt zu sichern. Zu Beginn Ihrer Gründungsvorbereitungen sollten Sie sich gründlich mit der Frage befassen, wie das Startkapital für die eigentliche Gründung und für die ersten Monate danach finanziert wird. Ermitteln Sie Ihren Kapitalbedarf. Mit ein paar Zahlen über den Daumen gepeilt ist es hier nicht getan. Schätzen Sie realistisch! Denn: Ein guter Finanz- und Kapitalbedarfsplan ist die Basis für den erfolgreichen und sicheren Aufbau Ihres Unternehmens. Um den Kapital- und Finanzierungsbedarf Ihres Vorhabens richtig einzuschätzen, müssen Sie folgende Fragen beantworten:

- Wie viel Geld muss ich in mein Vorhaben kurz- und langfristig investieren (z. B. in Warenbestand, Maschinen, Inventar)?
- Wie viel Geld muss ich mindestens verdienen, um meine laufenden Betriebsausgaben und meinen Lebensunterhalt zu decken?
- Wie groß muss mein finanzielles Polster sein, um die betrieblichen und privaten Ausgaben in der schwierigen Anlaufphase zu finanzieren?
- Wie viel Eigenkapital muss ich mitbringen? Wie finanziere ich einen voraussichtlichen Fremdkapitalbedarf?

Auch wenn Sie im Nebenerwerb starten und Ihr Lebensunterhalt voraussichtlich durch Ihren Hauptjob gedeckt ist: Denken Sie beim Start trotzdem daran, dass Sie mit Ihrem Kleingewerbe vielleicht eine ganze Zeit lang Verluste einfahren, also mehr Ausgaben als Einnahmen haben. Sehr viele Unternehmen brauchen eine gewisse Entwicklungsphase, in der sie niedrige oder keine Umsätze erwirtschaften. Während dieser Zeit laufen die Kosten und es sind vielleicht ungeplante Investitionen zu tätigen. All dies muss finanziert werden. Nicht jeder hat die Möglichkeit, das Unternehmen vollständig aus eigener Tasche aufbauen zu können. Stehen nicht genügend Eigenmittel zur Verfügung, dann muss auf eine Fremdfinanzierung zurückgegriffen werden. Nachstehend erhalten Sie einen Überblick über die wichtigsten Möglichkeiten zur Unternehmensfinanzierung.

1. Bootstrapping – aus eigener Kraft wachsen

Bevor Sie sich Gedanken über die Aufnahme von Fremdkapital machen, sollten Sie die betriebswirtschaftliche Notwendigkeit Ihrer Kosten und Ihrer Investitionen prüfen. Hinter dem in der Gründerszene gern verwendeten Wort „Bootstrapping" steckt der Gedanke, den finanziellen „Riemen enger zu schnallen" und nur mit eigenen Finanzmitteln zu wirtschaften. Das Ziel ist, das eigene Unternehmen aus eigener Kraft zu gründen und aufzubauen – ohne Kredit, Fördermittel oder Business Angels. Bei der Unternehmensgründung gilt die Prämisse, die Ausgaben möglich niedrig zu halten und so schnell wie möglich einen positiven Cashflow zu erwirtschaften, also möglichst schnell mehr Geld einzunehmen als auszugeben! Neue Investitionen werden nur getätigt, wenn die entsprechenden Gelder erwirtschaftet wurden. Sie stellen Ihre Ausgaben auf den Prüfstand: Ist ein neuer Pkw beim Start in die Selbstständigkeit wirklich notwendig oder tut es der Gebrauchte am Anfang auch noch? Brauche ich das repräsentative Büro oder kann ich auch vom Homeoffice aus starten? Unnötige Ausgaben zu sparen, ist richtig. Aber Achtung: Es nützt Ihnen auch nichts, wenn Sie alles selbst machen, nur um Geld zu sparen. Denn wenn Sie sich nur auf

Nebenbaustellen (z. B. Homepage selbst zusammenbasteln, Buchhaltung selbst zusammenschustern) aufhalten und damit Ihr Kerngeschäft vernachlässigen, ist das betriebswirtschaftlich großer Mumpitz. Wenn Sie sich auf Ihre Kernkompetenzen konzentrieren und gewisse Arbeiten von Profis erledigen lassen, kommen Sie in der Regel wesentlich schneller und kostengünstiger voran, weil Sie Ihre Arbeitszeit effektiver nutzen. „Bootstrapping" kann ein Weg zu einem erfolgreichen Unternehmen sein. Bedenken Sie jedoch, dass der Weg meist steiniger ist und es vergleichsweise länger dauert, bis gewisse Umsatzgrößen erreicht werden. Die Aufnahme von Fremdkapital kann in vielen Fällen eine Abkürzung und einen Produktivitätshebel für Sie bedeuten.

2. Freunde und Familie

Auch wenn es heißt, dass die Freundschaft beim Geld aufhört, spricht grundsätzlich nichts dagegen, das erforderliche Kapital im sozialen Umfeld zu beschaffen. Allerdings sollten Sie mit Ihnen nahestehenden Geldgebern offen über mögliche Risiken Ihres Geschäftsvorhabens sprechen sowie eine klare und schriftliche Vereinbarung über die Höhe, die Verzinsung und die Rückzahlung des Kapitals treffen.

3. Kredite von der Bank

Ganz klassisch und die meistgewählte Finanzierungsmöglichkeit ist der Weg zur Bank. Auf der Suche nach dem richtigen Kreditgeber sollte Ihre Hausbank die erste Anlaufstelle sein. Meist besteht schon ein langes Vertrauensverhältnis, das den Einstieg ins Kreditgespräch erleichtert. Holen Sie trotzdem auch Angebote von anderen Banken ein, um einen Überblick über die Konditionen zu erhalten.

Umgangssprachlich werden die Begriffe Kredit und Darlehen gerne synonym verwendet. Das ist in der Praxis auch in Ordnung, letztendlich macht es keinen Unterschied, ob man Kredit oder Darlehen sagt, es geht immer um die Überlassung von Geld gegen Zins. Wer dennoch zwischen den beiden Termini unterscheiden will, kann das anhand der Laufzeit, der Rückzahlungsmodalitäten und des Verwendungszwecks machen:

- Das **Darlehen** dient zur Finanzierung von Investitionsgütern (Grundstücken, Gebäuden, Maschinen, Fahrzeugen). Die Laufzeit des Darlehens ist längerfristig und richtet sich nach der Nutzungsdauer des erworbenen Investitionsguts. Es gilt die „goldene Finanzierungsregel“: Alles, was Sie langfristig nutzen, sollten Sie auch langfristig finanzieren! Die Rückzahlung erfolgt in festen monatlichen Raten.
- Der **Betriebsmittelkredit** ist ein kurzfristiger Kredit (meist auch Kontokorrent-Kredit genannt) zur Finanzierung des laufenden Geschäfts. Er dient der Finanzierung von Waren, Rohstoffen und der Vorfinanzierung laufender Ausgaben. Er schafft den finanziellen Spielraum in Zeiten von Umsatzschwankungen und den damit einhergehenden Liquiditätsengpässen. Bis zu der vereinbarten Kreditlinie können Sie flexibel über diesen Kredit verfügen und sind damit stets zahlungsbereit. Ein Kontokorrent-Kredit bedeutet viel Freiheit, die Zinsen liegen jedoch vergleichsweise hoch. Aber: Zinsen zahlen Sie nur für den in Anspruch genommenen Geldbetrag – wird der Kreditrahmen nicht ausgeschöpft, fallen auch keine Zinsen an. Eine feste Rückzahlung ist nicht vereinbart, sie erfolgt aus den Einnahmen des laufenden Geschäfts.

Wenn es darum geht, den Kapitalgeber von Ihrem Vorhaben zu überzeugen, ist ein sorgfältig ausgearbeitetes Konzept die wichtigste Grundlage. Überlegen Sie im Voraus, welche Herausforderungen und Probleme die Bank bei Ihrem Vorhaben sehen könnte, und halten Sie Lösungsansätze bereit. Zur „Verstärkung“ können Sie einen Berater ins Bankgespräch mitnehmen. Der sollte Sie aber nur unterstützen, nicht das Gespräch führen. Sie sollen in der „Hauptrolle“ glänzen, schließlich geht es um Ihr Vorhaben. Stellen Sie im Gespräch Ihr

Geschäftsvorhaben in verständlichen Worten dar, vermeiden Sie Fachchinesisch, damit der Banker Ihr Geschäftsmodell verstehen kann. Beantworten Sie kritische Fragen sachlich und unterfüttern Sie Ihre Aussagen idealerweise mit nachprüfbaren Zahlen. Der Schlüssel zum Erfolg ist die richtige Mischung aus der Qualität Ihrer Unterlagen und dem persönlichen Eindruck, den Sie im Gespräch hinterlassen.

4. Fördermittel

Es gibt zahlreiche Fördermittel von Bund, Land oder Städten für Existenzgründer und Unternehmen. Bei den Fördermitteln unterscheidet man zwischen Förderdarlehen, Zuschüssen oder Bürgschaften. Neben der finanziellen Förderung werden auch die Bereiche Beratungen, Schulung, Coaching gefördert. Klar ist: Sie bekommen das Geld nicht einfach geschenkt! Sie müssen immer aktiv etwas dafür tun. Für die Antragstellung brauchen Sie einen überzeugenden Businessplan, in dem Sie schriftlich Ihre Geschäftsidee beschreiben und die Finanzen geplant haben. Beachten Sie: Für die meisten Förderprogramme gilt, dass Sie den Antrag auf Förderung vor Beginn Ihres Vorhabens stellen müssen.

Es gibt eine Vielzahl an Fördermöglichkeiten und unterschiedliche Behörden, die Unternehmen mit Förderungen unterstützen. Zum Beispiel die Agentur für Arbeit, die KfW und regionale Förderbanken. Aufgrund der Vielfältigkeit kann in diesem Ratgeber nur eine Auswahl der wichtigsten Programme vorgestellt werden.

- **Gründungszuschuss**

Die Agentur für Arbeit unterstützt Empfänger von Arbeitslosengeld I, die sich selbstständig machen, mit dem sogenannten Gründungszuschuss. Der Gründungszuschuss fördert Gründer in zwei Phasen über einen Zeitraum von 15 Monaten. In den ersten sechs Monaten nach

Unternehmensstart (Grundförderung) erhält der Gründer eine Förderung in Höhe seines individuellen monatlichen Arbeitslosengeldes plus eine Pauschale von 300 €. Ziel der Förderung ist die Sicherung des Lebensunterhalts in der schwierigen Startphase. Nach Ablauf der ersten sechs Monate kann sich eine zweite Förderphase (Aufbauförderung) von weiteren neun Monaten anschließen. In diesem Zeitraum wird nur noch die Pauschale von 300 € bezahlt. Übrigens: Der Gründungszuschuss muss nicht versteuert werden. Die Voraussetzungen für die Gewährung des Gründungszuschusses sind im Wesentlichen, dass Sie sich im Haupterwerb selbstständig machen, bei Aufnahme der Selbstständigkeit einen Restanspruch von 150 Tagen Arbeitslosengeld haben sowie eine positive Stellungnahme einer fachkundigen Stelle über die Tragfähigkeit des Gründungsvorhabens vorlegen können. Fachkundige Stellen können zum Beispiel IHK, Handwerkskammer oder ein Steuerberater sein. Beachten Sie: Der Gründungszuschuss ist eine Ermesenseistung. Das bedeutet, Sie haben keinen Rechtsanspruch auf die Förderung, sondern die Agentur für Arbeit entscheidet über den Einzelfall.

- **Zuschuss zu Beratungskosten**

Über das bundesweite Programm „Förderung des unternehmerischen Know-hows" gewährt das Bundesamt für Ausfuhrkontrolle (BAFA) jungen Unternehmen Zuschüsse auf in Anspruch genommene Beratungen. Gefördert werden Beratungen zu allen wirtschaftlichen, finanziellen, personellen und organisatorischen Fragen der Unternehmensführung. Mehr Informationen zum Programm finden Sie unter **www.bafa.de**.

- **Förderdarlehen**

Der Staat stellt **Förderdarlehen** über die bundeseigene KfW-Bank zur Verfügung. Die KfW-Darlehen bieten einerseits niedrige Zinsen sowie tilgungsfreie Anlaufjahre, zum anderen verlangt die KfW für das ausgeliehene Geld weniger Sicherheiten. Beachten Sie: In der Regel ist Voraussetzung für die Gewährung von Förderdarlehen eine hauptberufliche Selbstständigkeit. Die Beantragung der KfW-Darlehen erfolgt über die Hausbank („Hausbankprinzip"). Daher muss vorab die Hausbank vom Vorhaben überzeugt werden. Es gibt keinen Rechtsanspruch auf Förderung, es steht im Ermessen der Hausbank, einen Antrag auf ein Förderdarlehen zu stellen.

Der KfW-Klassiker für Gründer, die einen überschaubaren Finanzierungsbedarf haben, ist der **ERP-Gründerkredit (Startgeld)**. Finanziert werden bis zu 100 Prozent der erforderlichen Investitionen und laufende Betriebskosten bis zu einem Höchstbetrag von 100.000 €. Bei der Zinsbindungsfrist besteht die Möglichkeit, zwischen fünf und zehn Jahren zu wählen und ein oder zwei tilgungsfreie Anlaufjahre einzubauen. Die KfW übernimmt 80 % des Ausfallrisikos gegenüber der Hausbank. Der Kredit kann auch im Rahmen einer nebenberuflichen Selbstständigkeit beantragt werden. Informationen über die Antragsvoraussetzungen und die Konditionen der Förderprogramme findet Sie unter **www.kfw.de**.

- **Bürgschaften**

Wenn die Darlehensgewährung zu scheitern droht, weil nicht die „banküblichen" Sicherheiten gestellt werden können, kann eine Bürgschaftsbank helfen. Eine Bürgschaftsbank ist eine Förderbank, die Unternehmen bei der Finanzierung durch Stellung einer Sicherheit unterstützt. Dies geschieht, indem die Bürgschaftsbank als Bürge auftritt und der Hausbank die notwendige Sicherheit in Form einer Ausfallbürgschaft gibt. Die Bürgschaftsbank verpflichtet sich damit, einen Teil des Ausfallrisikos der Hausbank zu übernehmen, wenn das Unternehmen nicht mehr finanziell in der Lage ist, seinen Kredit zurückzuzahlen. Dadurch verringert sich das Kreditrisiko der Hausbank und eine positive Kreditzusage ist deutlich wahrscheinlicher.

Dabei unterscheidet man zwei Fälle:

1. Sie haben bereits eine Hausbank, die Ihrem Kreditantrag gegenüber positiv gestimmt ist, es fehlen aber die ausreichenden Sicherheiten. Dann kann der Antrag bei der Bürgschaftsbank direkt über die Hausbank gestellt werden.
2. „Bürgschaft ohne Bank“: Sie können kleine Bürgschaften direkt bei einer Bürgschaftsbank beantragen, ohne den Umweg über die Hausbank zu nehmen. Mit der zugesagten Bürgschaft als Kreditsicherheit in der Tasche gehen Sie dann gestärkt auf die Suche nach einer passenden Bank.

- **Fördermittelrecherche**

Wenn Sie weiterführende Informationen zu Fördermitteln suchen, können Sie sich einen guten Überblick auf der Website **www.foerderdatenbank.de** verschaffen.

5. Crowdfunding/Crowdinvesting

Crowdfunding setzt sich aus den englischen Begriffen *Crowd* (Menschenmenge) und *Funding* (Finanzierung) zusammen. Das bezeichnende Merkmal beim Crowdfunding ist, dass über eine Online-Plattform eine Vielzahl von Geldgebern (die Crowd) zusammenkommen und gemeinsam kleine Geldbeträge direkt in Projekte bzw. Unternehmen investieren. So kommen große Anlagesummen zusammen, mit denen Projekte ermöglicht werden. Es gibt verschiedene Crowdfunding-Modelle, die sich dadurch unterscheiden, was die Crowd als Gegenleistung für Ihr Geld bekommt:

- klassisches Crowdfunding: Die Crowd erhält das finanzierte Produkt als Gegenleistung oder kann es zum Vorzugspreis beziehen.
- Crowddonating: Die Crowd unterstützt das Projekt ohne Gegenleistung auf Spendenbasis.

- Crowdlending: Die Crowd gewährt einen Kredit und bekommt als Gegenleistung einen festen Zinssatz.
- Crowdinvesting: Die Crowd bekommt eine Beteiligung mit einer festen oder erfolgsabhängigen Rendite.

Ein Vorteil von Crowdfunding ist, dass es nicht nur eine Finanzierungsform, sondern auch ein Marketing- und Vertriebsinstrument ist. Denn die Geldgeber, die überzeugt sind, investieren nicht nur in ein Produkt, sondern kaufen dieses auch gleich selbst und erzählen gerne Freunden und Bekannten davon. Mit Ihrem Angebot auf der Crowdfunding-Plattform steigern Sie zudem Ihre Reichweite und Bekanntheit.

Beachten Sie, dass eine Crowdfinanzierung kein Selbstläufer ist, sondern ein mühsamer Arbeitsprozess. Während der Finanzierungsphase müssen Sie genügend Geldgeber von der Idee überzeugen. Dazu gehört die ständige Bereitschaft zur Kommunikation und zum offenen Austausch mit der Crowd.

Plattformen für Crowdinvesting/-lending sind:

- www.seedmatch.de
- www.companisto.com
- www.invesdor.de
- www.auxmoney.com

6. Business Angels

Als Business Angel wird ein erfahrener Unternehmer bezeichnet, der Unternehmen mit Kapital und Fachwissen unterstützt. Er fungiert als Geldgeber und Mentor gleichzeitig. Neben der finanziellen Unterstützung berät er das Unternehmen, vermittelt das erforderliche Know-how und stellt sein Netzwerk zur Verfügung. Ein Business Angel investiert nur eine begrenzte Zeit, denn sein primäres Ziel ist es, nach einer gewissen Zeit seine Beteiligung gewinnbringend zu verkaufen und das erwirtschaftete Geld in ein neues Projekt zu investieren. Über die Website **www.business-angels.de** des Business Angels Netzwerk Deutschland (BAND) können Sie Kontakt zu potenziellen Business Angels aufnehmen. Bevor Sie sich bei einem Business Angel bewerben, sollte Sie aber die erforderlichen Unterlagen (Unternehmenspräsentation, Businessplan, Finanzplanung) gut vorbereitet haben, ansonsten ist Ihre Anfrage schnell verbrannt.

7. Leasing

Leasing ist eine feste Finanzierungsform im Geschäftsleben. Heutzutage gibt es kaum etwas, das sich nicht auch per Leasing finanzieren lässt. Vom Auto über die IT-Hardware bis hin zur Kaffeemaschine – Leasing wird oftmals direkt vom Hersteller oder Händler als Finanzierungslösung angeboten. Das Leasing ist eine spezielle Form der Miete. Das bedeutet: Sie mieten das Wirtschaftsgut über einen bestimmten Zeitraum gegen Zahlung von monatlichen Raten. Während der Vertragslaufzeit sind Sie nur Mieter, kein Eigentümer – unter Umständen können Sie nach Leasingende den Gegenstand kaufen. Leasingverträge laufen grundsätzlich zwischen zwei und fünf Jahren. Nach deren Ablauf haben Sie die Möglichkeit – je nach Vertragsgestaltung – das geleaste Gerät wieder zurückzugeben oder zu kaufen. Bei Rückgabe will die Leasinggesellschaft den geleasten Gegenstand in einwandfreiem Zustand zurückhaben – ist das Wirtschaftsgut beschädigt oder über das übliche Maß hinaus beansprucht worden, kann es zu Nachzahlungen kommen. Insbesondere für Existenzgründer kann Leasing eine interessante Finanzierungslösung sein. So können Sie sich kostenintensive Anschaffungen ohne Zahlung des kompletten Kaufpreises leisten – die eigene Liquidität und die Kreditlinie bei der Bank bleiben geschont. Die gleichbleibenden Leasingraten geben Planungssicherheit und häufig sind bereits zusätzliche Serviceleistungen in der Leasingrate enthalten. Außerdem lässt sich so die technische Betriebsausstattung immer auf einem aktuellen Stand halten: Nach Ablauf der Vertragslaufzeit wird das Wirtschaftsgut einfach gegen ein neueres Modell getauscht. Das bedeutet für Ihr Unternehmen produktiveres Arbeiten und weniger Reparatur- und Wartungsbedarf.

Kredit oder Leasing: Was ist besser? Pauschal gibt es hier keine richtige Antwort. Dies muss für jeden Einzelfall separat entschieden werden.

Zum Schluss: Ob Fremdfinanzierungsbedarf oder nicht, kein Gründer sollte ohne einen sorgfältig ausgearbeiteten Finanz- bzw. Businessplan – also sozusagen planlos – starten.

Es ist nicht zu wenig Zeit, die wir haben, sondern es ist
zu viel Zeit, die wir nicht nutzen.

– Lucius Annaeus Seneca

Businessplan

Eine gute Geschäftsidee allein reicht noch nicht, um ein erfolgreiches Unternehmen zu gründen und zu führen. Vielmehr bedarf es einer sorgfältigen Planung. Je durchdachter und detaillierter Ihre Gründungsplanung ist, desto größer die Chance, dass Ihr Vorhaben zum gewünschten Erfolg führt. Die beste Vorbereitung auf Ihre Selbstständigkeit ist, sich intensiv mit dem eigenen Businessplan zu beschäftigen.

Was ist ein Businessplan?

Der Businessplan (deutsch: Geschäftsplan) ist die Niederschrift Ihrer Geschäftsidee, Ihrer Ziele und deren Umsetzungsstrategien. Der Businessplan ist Ihr Kompass für Ihre Selbstständigkeit, der alle Faktoren berücksichtigt, die für den Erfolg oder Misserfolg Ihres Gründungsvorhabens entscheidend sind.

Warum einen Businessplan schreiben?

Der Businessplan ist ein heiß diskutiertes Werkzeug, das die Gründerwelt in zwei Lager spaltet. Während ihn das eine Lager für völlig unnötig und für Zeitverschwendung hält, schwört das andere darauf, unbedingt einen Businessplan zu erstellen. Ich gehöre zu den Befürwortern: Ein Businessplan ist ein absolutes Muss für jeden Unternehmer. Ganz gleich, ob Sie sich hauptberuflich oder nebenberuflich selbstständig machen, an einem Businessplan kommen Sie meines Erachtens nicht vorbei.

Würden Sie ohne Kompass auf das offene Meer fahren? Der Businessplan hilft Ihnen, die Richtung zu halten, wenn Sie auf dem Weg zu Ihren Unternehmenszielen sind. Es ist wichtig, einen Businessplan zu erstellen, damit Sie Ihre Unternehmensziele genau kennen und wissen, was Ihnen dabei helfen kann, auch tatsächlich dorthin zu kommen. Wer sich keine Ziele setzt, der weiß nicht, wohin er steuern soll, der weiß nicht, welche Schritte als Nächstes kommen sollen, und kann nicht langfristig planen. Wenn unser Gehirn klar definierte Ziele hat, kann es leicht die erforderlichen Richtungskorrekturen vornehmen. Dabei sollten Sie Ihre Geschäftsidee unbedingt aufschreiben, denn schriftlich festgelegte Ziele sind verbindlicher, verankern sich besser im Bewusstsein und zwingen zu gedanklicher Disziplin. Studien bestätigen, dass sich die Wahrscheinlichkeit der erfolgreichen Verwirklichung der Ziele um ein Vielfaches steigert, wenn die Ziele schriftlich fixiert werden. Und so können gute Ideen, die Ihnen vor oder während der Selbstständigkeit in Ihrem Kopf herumgeistern, nicht verloren gehen.

Ein Businessplan „zwingt" Sie, Ihr Geschäftsvorhaben von vorne bis hinten zu durchleuchten, Erfolgsaussichten zu prüfen, Schwachstellen aufzudecken und Fehler im Voraus zu vermeiden. Der Businessplan hilft Ihnen, alle Fragen, die sich während der Selbstständigkeit ohnehin stellen, vorab zu durchdenken. Er zwingt Sie dazu, sich mit wichtigen Fragen auseinanderzusetzen und konkrete Antworten zu finden, zum Beispiel: „Wie akquiriere ich meine ersten Kunden?", „Wie formuliere ich den Kundennutzen meines Produkts oder meiner Dienstleistungen?" oder „Wie viel Umsatz muss ich erzielen, damit sich die Selbstständigkeit lohnt?". Damit sind Sie vorbereitet auf die Herausforderungen der Praxis. Jedes Problem, das Sie im Vorfeld gelöst haben, bedeutet eine Erleichterung nach dem Unternehmensstart. „Training on the Job" ist zu teuer, denn meist haben Sie nur eine Chance bei Ihrem Kunden, Banker oder Lieferanten. Ein fundierter Businessplan verringert die Gefahr des Scheiterns Ihres Geschäftsvorhabens erheblich.

Für wen schreiben Sie einen Businessplan?

Sie kennen die Antwort, für wen Sie einen Businessplan schreiben: in erster Linie für sich selbst. Natürlich schreiben Sie den Businessplan auch für mögliche Geschäftspartner, Finanzierungspartner, Investoren oder für die Agentur für Arbeit – sie alle nutzen Ihren Businessplan als Grundlage für Entscheidungen. Doch der Hauptadressat für den Businessplan sind Sie.

Businessplan selbst schreiben oder schreiben lassen?

In der ersten Silbe von „Existenzgründung" steckt das Wort „Existenz". Es geht also bei Ihrer Selbstständigkeit um Ihre Existenz! Wollen Sie Ihre Existenz komplett in fremde Hände geben? Delegieren Sie das Schreiben des Businessplans auf keinen Fall vollständig an einen Berater. Die Erstellung des Businessplans ist die höchstpersönliche Aufgabe des Unternehmers. Das bedeutet Fleißarbeit, die Ihnen niemand abnehmen kann, die sich jedoch lohnt. Natürlich können Sie einen professionellen Berater oder erfahrenen Selbstständigen mit an Bord holen. Das empfehle ich sogar, denn mit professioneller Unterstützung kommen Sie schneller voran, erhalten hilfreiche Tipps und vermeiden Fehler im Voraus. Ein typischer Fehler ist das „Schönrechnen". Gründer sind oft von ihrer Geschäftsidee vollkommen überzeugt, sehen durch ihre „rosarote Brille" gern optimistische Umsatzziele und übersehen mögliche Risiken. Ein Berater kann mit neutralem Blick die Geschäftsidee hinterfragen und mit objektivem Abstand besser einschätzen, wie viel Potenzial Ihr Vorhaben hat.

Der Businessplan-Profi ist Ihr „Sparringspartner": Er ist dafür zuständig, Ihr Geschäftsvorhaben kritisch zu beleuchten und das von Ihnen gelieferte „Rohmaterial" in einem professionellen Businessplan aufzubereiten.

Wenn es Ihnen zu anstrengend ist, fünf bis zehn Tage Arbeit in einen Businessplan zu investieren, dann sollten Sie sich fragen, wie ernst Sie es mit Ihrer Selbstständigkeit meinen. Wie viel Bereitschaft bleibt noch übrig für die großen und wichtigen Herausforderungen, die Ihnen in Ihrer Selbstständigkeit begegnen werden? Denken Sie mal darüber nach! Es geht nicht darum, einen Stempel von der fachkundigen Stelle für einen Gründungszuschuss oder einen Kredit zu erhalten. Vielmehr geht es um Ihre Zeit, Ihre Lebensenergie und das Geld, die Sie in die Gründung investieren.

Vielleicht kommen Sie beim Schreiben auch zu dem Ergebnis, dass Ihr Geschäftsvorhaben mit großer Anstrengung und wenig Ertrag verbunden ist. Diese Erkenntnis kann Sie frühzeitig vor vergeudeter Zeit und finanziellem Schaden schützen – und so können Sie sich sofort an die Arbeit machen, eine profitablere Geschäftsidee zu entwickeln.

Aufbau eines Businessplans

Die Möglichkeiten, einen Businessplan zu gliedern, sind genauso vielfältig wie die Geschäftsideen selbst. Jeder Gründer benötigt einen individuellen Businessplan, abhängig von seinem Geschäftsvorhaben, dem Anlass und den Adressaten.

Im Internet finden Sie zahlreiche kostenlose und kostenpflichtige Businessplan-Tools, die mit wenig Aufwand einen perfekten Businessplan versprechen. Diese sind immer mit Vorsicht zu genießen, da jeder Businessplan individuell sein sollte. Bedenken Sie: Eine Bank sieht sofort, ob sich der Gründer mit seiner Geschäftsidee und dem Businessplan intensiv auseinandergesetzt hat oder ob er in 30 Minuten einen Lückentext vervollständigt hat. Letztlich betrügen Sie sich selbst, wenn Sie es auf die „Copy & Paste“-Art machen. Eine Businessplanvorlage kann allenfalls eine Orientierungshilfe für Ihren individuellen Businessplan sein.

Ein Businessplan gliedert sich immer in einen Textteil und einen Zahlenteil. Der Umfang und der Inhalt Ihres Businessplans werden durch Ihr Geschäftsvorhaben bestimmt. Es gibt jedoch einige Grundbestandteile, die Ihr Businessplan beinhalten sollte:

I: Textteil

- **Zusammenfassung:** Ziel der Zusammenfassung ist es, die wichtigsten Eckpunkte und Ergebnisse in komprimierter Form darzustellen. Die Zusammenfassung gehört an den Anfang Ihres Businessplans, ist aber am Schluss zu schreiben. Sie muss den Leser neugierig machen, den Businessplan komplett zu lesen.
- **Gründerperson und Unternehmensorganisation:** Welche fachlichen und kaufmännischen Qualifikationen und Branchenkenntnisse haben Sie? Was ist Ihre Motivation für die Gründung? Welche persönlichen Defizite gibt es und wie werden sie ausgeglichen? Rechtsform, Unternehmensbezeichnung, Standort, Mitarbeiter?
- **Geschäftsvorhaben:** Was ist Ihre Geschäftsidee und welche Produkte bzw. Dienstleistungen bieten Sie an? Wie ist der Entwicklungsstand? Welche Voraussetzungen und Formalitäten sind noch zu erfüllen? Was sind die Chancen und Risiken? Was sind Ihre kurz- und langfristigen Unternehmensziele?
- **Zielgruppe:** Wer sind Ihre Kunden? Grenzen Sie die Zielgruppe ein (z. B. Alter, Geschlecht, Einkommen, Region usw.), sagen Sie nicht: „alle“. Was sind die Bedürfnisse Ihrer Kunden? Was ist der Kundennutzen? Wo sind Ihre Kunden?
- **Markt und Wettbewerb:** Wie beurteilen Sie die Entwicklung Ihrer Branche? Ist der Markt groß genug? Welche Trends und Markteintrittsbarrieren gibt es? Wer sind die Wettbewerber? Stärken und Schwächen der Konkurrenz? Wie grenzen Sie sich positiv ab (Alleinstellungsmerkmal)? Ihre Positionierung: Qualität, schneller und zuverlässiger Service, niedriger Preis, Spezialisierung?
- **Marketing:** Welchen konkreten Nutzen hat Ihr Angebot für potenzielle Kunden? Welche Preisstrategie verfolgen Sie (z. B.

hoch- oder niedrigpreisig)? Vertriebskanäle: Vertreiben Sie direkt über Verkaufsstellen, Internet, Versandkatalog oder nutzen Sie Vertriebspartner? Welche Werbemaßnahmen planen Sie (z. B. Anzeigen, Branchenbucheinträge, Flyer, Plakate, Social-Media-Posts, Homepage, Veranstaltungen, Network- und Empfehlungsmarketing, Corporate Identity)?

II: Zahlenteil

- **Umsatz- und Kostenplan:** Wie hoch schätzen Sie den Umsatz und die Kosten für die nächsten drei Jahre? Nutzen Sie hierfür Vergleichszahlen Ihrer Branche.
- **Finanz- und Investitionsplan:** Wie hoch sind Ihre zu finanzierenden Lebenshaltungskosten, bis Sie kostendeckende Umsätze erzielen? Wie hoch ist der Kapitalbedarf für Ihre betrieblichen Anschaffungen und die Anlaufphase? Wie hoch muss Ihre Liquiditätsreserve für unvorhergesehene Ereignisse sein? Wie finanzieren Sie den Gesamtkapitalbedarf (Eigenkapital und Fremdkapitalbedarf)?

Mit jedem dieser Gliederungspunkte sind zwei bis sechs Unterfragen verbunden, die Sie so konkret wie möglich in wenigen Sätzen beantworten sollten. Keine Angst, niemand erwartet von Ihnen einen literarischen Bestseller. Es geht um Inhalte! Alle wesentlichen Informationen müssen enthalten sein, damit der Leser sich ein Gesamtbild von Ihrer Geschäftsidee machen kann und sich ein Urteil über die Erfolgsaussichten Ihres Vorhabens bilden kann. Mit dem Abarbeiten der einzelnen Fragen im Textteil entwickeln Sie ein besseres Verständnis für die Zusammenhänge zwischen Ihren Einnahmen und Ausgaben im Zahlenteil.

Am Anfang stehen Sie vor einer fast unlösbaren Aufgabe. Sie sollen in die „Glaskugel" schauen und den Gewinn aus Ihrer Selbstständigkeit schätzen. Die erste Gewinnschätzung geht vielleicht von einer Bandbreite von -100.000 € bis +100.000 € aus. Nicht wirklich hilfreich!

Für eine Schätzung müssen Sie zwangsläufig Annahmen treffen. Keiner kann in die Zukunft blicken, jedoch können Sie Ihre Schätzung auf plausible und gut recherchierte Annahmen stützen. Sie werden sehen: Je mehr Sie sich mit dem Businessplan und den Zahlen beschäftigen, desto konkreter und realistischer wird die Bandbreite. Und genau das ist die zentrale Aufgabe des Businessplans. Er soll Ihnen eine realistische Antwort auf die zentrale Frage liefern: Ist Ihre Geschäftsidee auch rentabel?

> „Es sind drei verschiedene Dinge, eine gute Geschäftsidee zu haben, diese niederzuschreiben und schließlich in Zahlen zu transformieren.
>
> Eine Idee, die am Anfang noch glänzend erscheint, mag bei Beleuchtung der Details und Zahlen plötzlich völlig unspektakulär wirken.
>
> *Andreas Görlich*

Die Recherche: Informationen sammeln

Vor dem Schreiben kommt die Recherche. Zu Beginn gilt es, Informationen, Daten und Fakten rund um Ihr Geschäftsvorhaben zu sammeln. Besonders Branchenzahlen und Marktdaten sind essenziell für Ihren Businessplan und spielen eine zentrale Rolle für Ihren Unternehmenserfolg.

Recherchieren Sie Marktentwicklungen, Trends sowie Zahlen und Fakten Ihrer Branche. Verschaffen Sie sich einen umfassenden Überblick über Ihre Zielkunden, Lieferanten und Wettbewerber – einschließlich deren Bedürfnisse, Erwartungen und Marktposition.

Woher Markt- und Brancheninformationen nehmen?

Dank Internet und Google steht heute eine riesige Menge an Informationen zur Verfügung – viel Nützliches, aber auch viel Unbrauchbares. Um Ihnen die Recherche zu erleichtern, finden Sie hier eine Auswahl an verlässlichen Quellen für Zahlen, Daten und Brancheninformationen:

- **Statistikportale:** Destatis (destatis.de) oder Statista (de.statista.com) bieten umfangreiche Statistiken und Marktanalysen.
- **Branchenverbände:** Wichtige Branchenverbände wie der Zentralverband des Handwerks (zdh.de), die Industrie- und Handelskammern (dihk.de) oder der Bundesverband der Deutschen Industrie (bdi.eu) liefern branchenspezifische Marktdaten und Berichte. Weitere Beispiele sind der Hotel- und Gastronomieverband DEHOGA (dehoga-bundesverband.de) oder der IT- und Telekommunikationsverband BITKOM (bitkom.org).
- **Banken und Sparkassen:** Viele Banken bieten Branchenbriefe mit Marktanalysen, Branchenkennzahlen und Zukunftsprognosen, die eine wertvolle Basis für Ihren Businessplan sein können.
- **Steuerberater:** Ihr Steuerberater hat Zugriff auf Branchenauswertungen über Softwareanbieter wie DATEV eG, die auf Basis

von Millionen Buchhaltungsdaten Durchschnittswerte und Vergleichszahlen für Branchen ermitteln.

- **Kostenpflichtige Reports und Analysen:** Unternehmen wie Genios (genios.de), GfK (gfk.com), Marktmedia24 (marktmedia24.de) oder Marktmeinungmensch (marktmeinungmensch.de) bieten detaillierte Branchen- und Marktanalysen.
- **Finanzamt:** Die Finanzverwaltung sammelt umfangreiche Branchenkennzahlen, die in die jährliche Richtsatzsammlung einfließen. Diese Daten nutzen Betriebsprüfer zum Vergleich mit Unternehmen einer Branche – und Sie können sie als Planungsgrundlage für Ihr Geschäft heranziehen. Eine aktuelle Version der Richtsatzsammlung finden Sie im Downloadbereich.
- **Wettbewerb:** Sprechen Sie – wenn möglich – mit anderen Unternehmen in Ihrer Branche und holen Sie sich direkte Einblicke und Stimmungen aus dem Markt.

Marktdaten und -trends mit Google recherchieren

Mit den Tools **Google Keyword-Planer** und **Google Trends** können Sie gezielt nach relevanten Keywords suchen und herausfinden, wie oft nach bestimmten Begriffen gesucht wird.
Anhand des Suchvolumens erhalten Sie eine erste Einschätzung, wie groß der Markt und das Umsatzpotenzial ist und welche Produktbezeichnungen für Ihre Zielgruppe besonders relevant sind. Zudem zeigt Ihnen Google Trends, wie sich die Suchanfragen über das Jahr hinweg entwickeln – ein wertvoller Hinweis auf saisonale Schwankungen.
So können Sie beispielsweise erkennen, dass im Spielwarenhandel das Weihnachtsgeschäft im November und Dezember fast 30 Prozent des Jahresumsatzes ausmacht. Dieser saisonale Umsatzverlauf lässt sich mit einer Google-Trends-Abfrage nachvollziehen und in Ihre Planung einbeziehen.

Die Kunst ist, einmal mehr aufzustehen, als man umgeworfen wird.

– Winston Churchill

KAPITEL VII

Versicherungen – persönliche und betriebliche Absicherung

IN DIESEM KAPITEL ERFAHREN SIE …

- ob es eher eine gesetzliche oder private Krankenversicherung sein soll und was die Vor- und Nachteile sind,
- welche Ver- und Absicherungen je nach Situation sonst noch notwendig, wichtig oder empfehlenswert sind – denn zum einen birgt Existenzgründung nun mal unternehmerische Risiken, zum anderen sollten Sie über dem Wunsch, den Laden zum Laufen zu bringen, nicht die Absicherung bei Unfällen, Arbeitsunfähigkeit und fürs Alter vergessen.

Das Wichtigste zuerst: Gegen das unternehmerische Risiko gibt es keine Versicherung. Dennoch sollte sich jeder Selbstständige Gedanken über mögliche Risiken seiner Tätigkeit und die Art der Vorsorge machen. Eine schwere Krankheit oder Sachschäden, die aus eigener Tasche bezahlt werden müssen, können den Unternehmer schnell in finanzielle Schwierigkeiten bringen und das „Aus" bedeuten. Grundsätzlich gilt: Jeder Unternehmer ist für Art, Umfang und Höhe seiner Absicherung selbst verantwortlich.

Krankenversicherung für Selbstständige

Für Selbstständige besteht, wie für alle Bürger, Krankenversicherungspflicht. Selbstständige haben bei der Krankenversicherung die Qual der Wahl: Sie haben grundsätzlich das Wahlrecht, sich in einer gesetzlichen Krankenkasse freiwillig zu versichern oder eine private Krankenversicherung abzuschließen. An dieser Stelle ist zu unterscheiden, ob Sie Ihr Kleingewerbe hauptberuflich oder nebenberuflich ausüben. Wenn Sie Ihr Kleingewerbe nebenberuflich betreiben, dann brauchen Sie sich voraussichtlich keine großen Gedanken um das Thema Krankenversicherung zu machen, da Sie wahrscheinlich im Rahmen Ihres Hauptberufs krankenversichert sind (mehr dazu siehe unten). Ist Ihr Kleingewerbe aber Ihre Haupteinnahmequelle, dann benötigen Sie für Ihre selbstständige Tätigkeit eine Krankenversicherung. Zur Erinnerung: Hauptberufliche Selbstständige können frei wählen zwischen gesetzlicher und privater Krankenversicherung.

Die gesetzliche und die private Krankenversicherung unterscheiden sich nicht nur hinsichtlich des Leistungsumfangs, sondern auch im Hinblick auf die Beitragserhebung.

Die Beiträge der **gesetzlichen Krankenversicherung** sind vom Einkommen abhängig – das Alter und der Gesundheitszustand spielen bei der Beitragsbemessung keine Rolle. Der gesetzliche Beitragssatz 2025 für Selbstständige beträgt 14,0 Prozent des Einkommens (bzw. 14,6 % mit Anspruch auf Krankengeld). Hinzu kommen eventuelle kassenindividuelle Zusatzbeiträge. Dabei gilt eine monatliche Einkommenshöchstgrenze (Beitragsbemessungsgrenze) von 5.512,50 € (2025). Das bedeutet: Verdienen Sie mehr, steigt der Beitrag nicht weiter. Umgekehrt gibt es auch eine monatliche Mindesteinkommensgrenze (2025: 1.248,33 €). Das heißt: Verdienen Sie weniger, berechnet sich der Beitrag trotzdem nach der Mindesteinkommensgrenze. Bei der Berechnung des Einkommens für die Beitragsfestsetzung werden regelmäßig alle Einkunftsarten (z. B. auch Vermietungseinkünfte) berücksichtigt, die das Einkommensteuerrecht kennt. Bei Beginn der Selbstständigkeit wird der Beitrag auf der Basis einer Einkommensschätzung festgesetzt. Liegt Ihr Einkommensteuerbescheid für das Jahr vor, erfolgt die endgültige Beitragsbemessung auf dessen Grundlage. Hierdurch kann es sowohl zu Rückzahlungen als auch zu Nachzahlungen kommen.

Die Beiträge der **privaten Krankenkassen** richten sich nicht nach dem Einkommen, sondern bemessen sich nach den folgenden drei Kriterien:

- gewählter Leistungsumfang: Je mehr Leistungen Sie sich wünschen, desto höher ist auch der monatliche Beitrag;
- persönliche Merkmale (Alter, Geschlecht): Jüngere Selbstständige zahlen in der Regel weniger als ältere;
- Gesundheitszustand: Vorerkrankungen werden als Risiko betrachtet und führen zu höheren Beiträgen.

Prinzipiell gilt also bei der privaten Krankenversicherung: Je jünger und gesünder Sie eintreten, desto weniger Beiträge fallen an. Die Beiträge werden regelmäßig an die steigenden Gesundheitskosten angepasst. Sollten Sie im Alter häufiger erkranken oder mehr medizinische Unterstützung benötigen, steigt der Beitrag und kann zum finanziellen Dilemma werden. Schließlich sind die Beiträge nicht ans Einkommen gekoppelt, sondern risikobezogen.

Beachten Sie auch: Bei der privaten Krankenversicherung muss jedes Familienmitglied extra versichert werden, bei der gesetzlichen Krankenversicherung sind Kinder und Ehepartner ohne eigenes Einkommen beitragsfrei mitversichert.

Die Beurteilung, welche Krankenversicherung für Sie besser ist, hängt von Ihrer persönlichen Lebenssituation und Ihren Plänen für die Zukunft ab. Bei der Abwägung sind immer mehrere Faktoren zu berücksichtigen: Welchen Leistungsumfang möchten Sie? Wie hoch ist Ihr Einkommen? Wie ist Ihr Gesundheitszustand? Welche Zukunftspläne haben Sie, insbesondere im Hinblick auf Kinderwünsche? Sollen Ehepartner und Kinder beitragsfrei mitversichert werden? Können Sie sich die hohen Beiträge der privaten Krankenversicherung im Ruhestand leisten?

Gut zu wissen: Sind Sie als Selbstständiger einmal in der privaten Krankenkasse versichert, ist eine Rückkehr in die gesetzliche Krankenkasse nur in bestimmten Fällen möglich. Ein Wechsel ist grundsätzlich nur möglich, wenn Sie vor dem 55. Lebensjahr Ihre hauptberufliche Selbstständigkeit aufgeben, wieder im Angestelltenverhältnis arbeiten und ein Einkommen unterhalb der Versicherungspflichtgrenze beziehen (2025: 73.800 €).

Für die richtige Wahl Ihrer Krankenversicherung und um bares Geld zu sparen, empfiehlt sich ein Preis-Leistungs-Vergleich:

Im Downloadbereich finden Sie eine Auswahl von Anbietern, die Ihnen einen einfachen und schnellen Preis-Leistungs-Vergleich von Versicherungen ermöglichen.

Achtung: Selbstständige sollten sicherstellen, dass sie im Krankheitsfall finanziell abgesichert sind. Treffen Sie Vorsorge für den krankheitsbedingten Verdienstausfall, indem sie Krankentagegeld in die Versicherung miteinschließen.

Was müssen nebenberuflich Selbstständige bei der gesetzlichen Krankenversicherung beachten?

Wenn Sie im Hauptberuf sozialversicherungspflichtig angestellt sind, dann müssen Sie grundsätzlich für Ihren selbstständigen Nebenerwerb keine zusätzlichen Krankenkassenbeiträge zahlen. Dies gilt, solange die hauptberufliche Angestelltentätigkeit die selbstständige Tätigkeit überwiegt. Entscheidend für die Einstufung „nebenberuflich" sind grundsätzlich zwei Aspekte: die Einnahmen, die Sie aus Ihrer Selbstständigkeit erzielen, und der Zeitaufwand, den Sie in Ihre Nebentätigkeit investieren. Die selbstständige Tätigkeit wird in der Regel von der Krankenkasse als „nebenberuflich" anerkannt, wenn

- die nebenberufliche Selbstständigkeit weniger als 20 Stunden die Woche umfasst,
- die Einnahmen nicht zur hauptsächlichen Sicherstellung des Lebensunterhalts dienen, also Ihre Angestelltentätigkeit die Haupteinnahmequelle darstellt,
- Sie keinen sozialversicherungspflichtigen Angestellten beschäftigen.

Im Zweifelsfall sollten Sie direkt bei der Krankenkasse nachfragen. Letztlich entscheidet diese, ob Zusatzbeiträge zu zahlen sind oder nicht. **Achtung, Familienversicherung** bei der gesetzlichen Krankenversicherung: Sind Sie in der Familienversicherung Ihres Ehepartners mitversichert, dürfen Sie nur ein Einkommen bis 535 € (2025) im Monat erzielen bzw. 556 € (2025) im Monat, wenn Sie geringfügig beschäftigt sind. Als monatliches Einkommen ist der durch 12 geteilte Jahresgewinn definiert. Sobald Ihr Einkommen diese Grenze überschreitet, endet die kostenlose Mitversicherung beim Ehepartner. Sie müssen sich dann selbst versichern.

Gesetzliche Rentenversicherung und Altersvorsorge

Die gesetzliche Rentenversicherung bildet in Deutschland das tragende Alterssicherungssystem für Erwerbstätige. Für jeden Arbeitnehmer besteht grundsätzlich eine Pflichtversicherung. Selbstständige sind dagegen in aller Regel von der gesetzlichen Rentenversicherung befreit und müssen somit selbst fürs Alter vorsorgen. Doch keine Regel ohne Ausnahme: Für bestimmte Berufsgruppen besteht Versicherungspflicht in der gesetzlichen Rentenversicherung, auch wenn der Beruf als Selbstständiger ausgeübt wird.

Selbstständige Berufe mit Rentenversicherungspflicht

Für manche Berufe hat der Gesetzgeber vorgesehen, dass man auch als Selbstständiger in die gesetzliche Rentenklasse einzahlen muss. Zu den pflichtversicherten selbstständigen Berufen gehören:

- Lehrer und Erzieher ohne versicherungspflichtigen Angestellten; beachten Sie: Der Lehrerbegriff wird hier weit ausgelegt. So gehören auch selbstständige Sportlehrer (z. B. Yoga, Golf), Coaches, Trainer u. a. dazu.
- Kranken- und Kinderpflegekräfte
- Hebammen
- Seelotsen, Küstenfischer und Küstenschiffer
- Hausgewerbetreibende
- Handwerker in einem zulassungspflichtigen Handwerk

- Selbstständige ohne versicherungspflichtige Angestellte, die dauerhaft hauptsächlich nur für einen Auftraggeber tätig sind (Stichwort: „scheinselbstständig")
- Künstler und Publizisten (hier gelten Sonderregelungen, Angehörige dieser Berufe müssen sich über die Künstlersozialkasse pflichtversichern)

Als pflichtversicherter Selbstständiger können Sie grundsätzlich zwischen zwei Beitragszahlungsarten wählen: dem Regelbeitrag oder dem einkommensgerechten Beitrag.

- **Regelbeitrag:** Sie können ohne Rücksicht auf Ihren tatsächlichen Gewinn den Regelbeitrag zahlen. Dieser beträgt monatlich 696,57 € (2025). **Sonderregelung für Existenzgründer:** Innerhalb der ersten drei Kalenderjahre nach dem Jahr der Gründung können Sie sich für den sogenannten halben Regelbeitrag entscheiden (2025: 348,29 €).
- **Einkommensgerechter Beitrag:** Sie zahlen einen Betrag auf Basis Ihres tatsächlichen Gewinns. Der Beitragssatz beträgt 18,60 % (2025). Hier sind auch Mindest- und Höchstbeiträge definiert: In den alten Bundesländern sind dies 2022 mindestens 103,42 € und höchstens 1.497,30 €.

Nebenerwerb in einem versicherungspflichtigen Beruf

Wenn Sie einen versicherungspflichtigen Beruf im selbstständigen Nebenerwerb ausüben und pro Monat weniger als 556 € Gewinn erwirtschaften (= Jahresgewinn von 6.672 €), können Sie grundsätzlich davon ausgehen, dass Ihre Nebentätigkeit zu keiner Pflichtmitgliedschaft in der gesetzlichen Rentenversicherung führt – erst bei Überschreitung der Gewinngrenze.

Exkurs berufsständische Versorgungswerke: Für bestimmte Berufe, die in Berufskammern organisiert sind, ist eine Altersvorsorge einer berufsständischen Versorgungseinrichtung vorgeschrieben (z. B. Ärzte, Rechtsanwälte, Steuerberater, Architekten). Das bedeutet: Diese Berufsgruppen sind zwar von der gesetzlichen Rentenversicherung befreit, müssen aber dafür verpflichtend Rentenbeiträge an das berufsständische Versorgungswerk entrichten.

Exkurs Künstlersozialkasse: Die Künstlersozialkasse (KSK) hat den Zweck, selbstständige Künstler und Publizisten vor der Altersarmut zu bewahren, indem sie diesen Personenkreis unter den Schutzschirm der gesetzlichen Sozialversicherung eingliedert. Der Begriff „Künstler" ist dabei weiter gefasst, als man vermuten würde. So fallen neben künstlerischen Berufen wie Kunstmaler, Bildhauer, Goldschmied auch Musiker, Schauspieler, Sprecher, künstlerischer Fotograf, Layouter, Grafiker und andere darunter. Publizisten sind Personen, die journalistisch und schriftstellerisch tätig sind, wie z. B. Autoren, Journalisten, Lektoren, Übersetzer, Redakteure und andere. Um in die Künstlersozialkasse aufgenommen zu werden, müssen sie schwerpunktmäßig in einem künstlerischen oder publizistischen Beruf tätig sein. Die Künstlersozialkasse ist selbst kein sozialer Leistungsträger, sondern sie organisiert die Beitragsabführung für ihre Mitglieder zur gesetzlichen Renten- und Pflegeversicherung und zu den Krankenkassen. Der große Vorteil: Die Künstlersozialkasse bezuschusst die Hälfte der Sozialversicherungsbeiträge. Das heißt: Als Mitglied der Künstlersozialkasse zahlen Sie ähnlich wie ein Arbeitnehmer nur 50 % der Beiträge zur Sozialversicherung, während den Rest die Künstlersozialkasse aufstockt. Finanziert wird dieses Sozialsystem neben öffentlichen Zuschüssen auch durch die sogenannte Künstlersozialabgabe. Alle Unternehmer müssen diese Abgabe leisten, sofern sie selbstständige Künstler oder Publizisten beauftragen. Ausführliche Informationen zum Thema finden Sie unter www.kuenstlersozialkasse.de.

Freiwillige Versicherung: freiwillig in die gesetzliche Rentenkasse einzahlen?

Wenn Sie nicht per Gesetz zu den versicherungspflichtigen Selbstständigen gehören, sollten Sie überlegen, ob für Sie eine freiwillige Versicherung in Betracht kommt. Die freiwillige Einzahlung in die gesetzliche Rentenkasse ist eine Vorsorge-Option für Selbstständige. Ihr Vorteil: Durch freiwillige Beiträge erhalten Sie das vollständige Leistungspaket der gesetzlichen Rentenversicherung. Neben dem Anspruch auf die gesetzliche Altersrente erwerben Sie auch Anspruch auf Rehabilitationsmaßnahmen zur Wiederherstellung der Erwerbsfähigkeit und Anspruch auf Erwerbsminderungsrente, wenn Sie durch Krankheit nur noch eingeschränkt oder gar nicht mehr arbeiten können.

In Zeiten des Niedrigzinsniveaus an den Kapitalmärkten kann die Einzahlung in die gesetzliche Rentenversicherung eine echte Vorsorgealternative sein. Denn das gesetzliche Rentensystem finanziert sich nicht über den Kapitalmarkt, sondern über den sogenannten „Generationenvertrag". Das Prinzip dahinter: Die Generation der aktiven Berufstätigen finanziert mit ihren Sozialabgaben die Renten der Ruheständler-Generation. Mit den Rentenbeiträgen sammeln die Versicherten in ihrer aktiven Berufszeit in Abhängigkeit von der Beitragshöhe und -dauer Entgeltpunkte an, die als Bemessungsgröße für die spätere Rente dienen.

Die freiwillige Rentenversicherung ist im Hinblick auf Beitrag und Laufzeit sehr flexibel:

- Beitragshöhe: Sie können Ihren monatlichen Beitrag stufenlos zwischen Mindestbeitrag (2025: 103,42 €) und Höchstbeitrag (2025: 1.497,30 €) wählen.
- Laufzeit: Die freiwillige Versicherung beginnt mit Antragstellung und kann jederzeit unterbrochen oder beendet werden.

Mehr Informationen finden Sie auf der Website www.deutsche-rentenversicherung.de.

Ob Rente, Immobilie oder Aktien: Hauptsache, Altersvorsorge

Für jeden Selbstständigen heißt es zum Start erst einmal, den Laden zum Laufen zu bringen und möglichst viel Umsatz zu machen. Das ist genau die richtige Strategie für junge Unternehmen. Doch sollten Sie auch das Thema Vorsorge fürs Alter im Blick behalten. Sonst geht es Ihnen wie Tausenden Selbstständigen in Deutschland, die im Ruhestand am Existenzminimum leben. Viele Selbstständige verschieben die Altersvorsorge auf später oder ignorieren das Thema. Das kann sich rächen. Bei der Altersvorsorge ist Zeit gleich Geld: Je früher Sie damit starten, umso stärker greift der Zinseszinseffekt und umso mehr kommt am Ende raus. Es gibt viele Altersvorsorgeformen. In jedem Fall gilt: Egal ob Rente, Immobilie, Fonds, Aktien oder Sparverträge, Hauptsache, Sie sorgen fürs Alter vor. Bestenfalls setzen Sie auf eine Kombination mehrerer Vorsorgeformen.

Probleme sind verkleidete Möglichkeiten.

– Henry Ford

Berufsunfähigkeitsversicherung

Sie können Ihre Altersvorsorge noch so gut planen – wenn Sie aufgrund einer Krankheit oder eines Unfalls kein Geld mehr verdienen, kränkeln alle Ruhestandspläne. Ihre Arbeitskraft als Selbstständiger stellt die Grundlage Ihrer Existenz dar. Sichern Sie daher Ihre Arbeitskraft ab, indem Sie eine Berufsunfähigkeits- und Unfallversicherung abschließen. Dies gilt umso mehr, wenn Sie der Hauptverdiener in der Familie sind. Darum geht's: Eine Krankheit oder ein Unfall kann jeden treffen. Zwingt die Gesundheit Sie auf Dauer in die Knie (z. B. Burn-out, Krebs, Rückenschaden) und Sie können Ihren Beruf nicht mehr ausüben, steht nicht nur Ihr Unternehmen vor dem Aus, sondern auch die eigene finanzielle Existenz ist bedroht. Als berufsunfähig gelten Sie, wenn Sie Ihren zuletzt ausgeübten Beruf – so wie er zu gesunden Zeiten ausgestaltet war – ganz oder teilweise nicht mehr ausüben können.

Eine Berufsunfähigkeitsversicherung zahlt bei Berufsunfähigkeit eine monatliche Rente. Die Höhe kann dabei individuell vereinbart werden.

Ob du denkst, du kannst es oder du kannst es nicht – in beiden Fällen hast du Recht.

– Henry Ford

Unfallversicherung

Als Selbstständiger können Sie sich freiwillig bei der zuständigen Berufsgenossenschaft versichern und sind damit gegen Berufsunfälle abgesichert. Allerdings greift die gesetzliche Unfallversicherung ausschließlich bei Unfällen am Arbeitsplatz oder auf dem Arbeitsweg. Die Alternative ist, dass Sie eine private Unfallversicherung abschließen, die Sie bei Unfällen sowohl im Berufs- als auch im Privatbereich absichert. Die private Unfallversicherung bietet also einen umfassenderen Schutz, weil sie auch Unfälle einschließt, die während der Freizeit oder im Haushalt erfolgen. Das Grundgerüst der Unfallversicherung bildet die Invaliditätsleistung. Im Falle einer leichten oder schweren Invalidität leistet die Versicherung eine Kapitalzahlung und/oder eine monatliche Rente. Der Versicherungsschutz lässt sich durch verschiedene Zusatzleistungen ausbauen.

Ein Optimist findet immer einen Weg. Ein Pessimist findet immer eine Sackgasse.

– Napoleon Hill

Betriebliche Absicherung

Welche betrieblichen Versicherungen ein Unternehmen braucht, hängt von seinen speziellen Risiken ab. Deshalb müssen Sie ganz individuell für Ihr Unternehmen klären, welches Ihre Hauptrisiken sind.

Betriebshaftpflichtversicherung

Eine **Betriebshaftpflichtversicherung** ist in den meisten Unternehmen unverzichtbar. Jedem noch so vorsichtigen Unternehmer kann es passieren, dass er während der Arbeit anderen Menschen (Personenschäden) oder deren Eigentum (Sachschäden) einen Schaden zufügt. Auch wenn Sie die größte Sorgfalt haben walten lassen: Die Haftung liegt bei Ihnen. Als Selbstständiger haften Sie grundsätzlich mit Ihrem Gesamtvermögen für Schäden, die Sie selbst oder Ihre Mitarbeiter verursachen. Entstehende Schadenersatzforderungen können sich finanziell oft existenzbedrohend auf Ihr Unternehmen auswirken, insbesondere bei Personenschäden können Schadenssummen in Millionenhöhe auftreten. Die Betriebshaftpflichtversicherung deckt Schäden rund um die Betriebsstätte, die betriebliche Tätigkeit oder Produkte ab. Hierbei kann es sich um Sachschäden, körperliche Verletzungen, Umweltschäden oder Vermögensschäden handeln. Zu den Leistungen der Betriebshaftpflicht zählt auch zu prüfen, ob die gegen Sie erhobenen Schadensersatzforderungen überhaupt gerechtfertigt sind.

Für bestimmte freie Berufe (z. B. Rechtsanwälte, Steuerberater) besteht die Pflicht, eine spezielle Berufs- oder Vermögensschadens-

Haftpflichtversicherung abzuschließen. Darüber werden insbesondere Vermögensschäden infolge fehlerhafter Beratung abgedeckt, wenn also ein Kunde durch Ihre Arbeit Geld verliert.

BETRIEBSHAFTPLICHT FÜR KLEINGEWERBE: EIN MUSS

Auch für ein Kleingewerbe empfehle ich Ihnen, eine Betriebshaftpflichtversicherung abzuschließen. Egal ob groß oder klein, das Risiko, einen Schaden zu verursachen, besteht in jedem Unternehmen.

Für produzierende Unternehmen kann es sinnvoll sein, eine eigene Produkthaftpflichtversicherung abzuschließen. Diese bietet Schutz bei durch fehlerhafte Produkte verursachten Schäden.

Firmenrechtsschutzversicherung

Aus einer Geschäftsbeziehung kann jederzeit ein Rechtsstreit entstehen – und Rechtsstreitigkeiten können langwierig und teuer sein. Eine Firmenrechtsschutzversicherung springt bei Rechtsstreitigkeiten im betrieblichen Bereich ein und deckt die teils erheblichen Kosten, die im Zusammenhang mit dem Rechtsstreit entstehen, ab (z. B. Rechtsanwaltskosten, Gutachterkosten, Gerichts- und Verfahrenskosten). Dabei greift der Versicherungsschutz in aller Regel nicht erst bei der gerichtlichen Auseinandersetzung, sondern schon vor einem Rechtsstreit. So können Sie sich juristischen Rat einholen, wenn Sie Hilfe in rechtlichen Fragen brauchen.

Bei Selbstständigen verschwimmt oftmals die Grenze zwischen Arbeit und privat. Deshalb bieten viele Versicherungsgesellschaften Kombinationsprodukte aus beruflichem und privatem Rechtsschutz an. Auch die Integration einer zusätzlichen Verkehrsrechtsschutzversicherung kann sinnvoll sein.

Inhaltsversicherung

Eine Inhaltsversicherung schützt Ihre technische und kaufmännische Geschäftseinrichtung inklusive Maschinen, Waren und Vorräte vor Schäden durch Feuer, Einbruch, Elementarereignisse und mehr. Die Inhaltsversicherung ist vergleichbar mit der Hausratversicherung im privaten Bereich. Je teurer Ihr Geschäftsinventar ist, umso empfehlenswerter ist eine Inhaltsversicherung.

Für alle Versicherungen gilt: Prüfen Sie genau, welche Versicherungen notwendig sind, und holen Sie mehrere Vergleichsangebote ein. Nutzen Sie einen Vergleichsrechner, um die passende Versicherung zu finden.

Im Downloadbereich habe ich Ihnen Vergleichsrechner zusammengestellt, mit denen Sie Sachversicherungen online vergleichen können.

Erfahrung heißt gar nichts, man kann seine Sache auch
35 Jahre schlecht machen.

– Kurt Tucholsky

KAPITEL VIII

Zielgruppe und Marketing

IN DIESEM KAPITEL ERFAHREN SIE …

- warum eine klare Zielgruppendefinition wichtig ist,
- wie Sie Ihr Angebot, Ihre Preisstrategie und Vertriebswege optimal gestalten,
- welche Marketing- und Werbemaßnahmen wirklich wirken,
- wie Sie Ihren Markteintritt erfolgreich gestalten und erste Kunden gewinnen.

Vorneweg: Erfolgreiches Marketing beginnt mit einer klar definierten Zielgruppe – und einem tiefen Verständnis für deren Bedürfnisse und Herausforderungen. Nur so erreichen Sie Ihre Kunden gezielt und wirkungsvoll. Diese Erkenntnisse sind das Fundament Ihrer Marketingstrategie und der Schlüssel dafür, dass Ihre Botschaft ankommt und Ihr Angebot die richtigen Menschen erreicht.

Zielgruppe: Wer sind Ihre Kunden?

Wer sind Ihre Kunden? Sagen Sie jetzt nicht „alle“ – das ist definitiv die falsche Antwort. Eine Marketing-Weisheit lautet: „Versuchst Du alle zu erreichen, erreichst Du keinen“. Die Zielgruppe „alle“ zu definieren, ist völlig unrealistisch und unternehmerisch grober Unsinn. Menschen sind verschieden, haben unterschiedliche Geschmäcker, Bedürfnisse und Probleme. Was für den einen wichtig ist, ist für den anderen völlig unwichtig. Wie wollen Sie alle diese Menschen mit Ihren unterschiedlichen Persönlichkeiten und Bedürfnissen mit einer einzigen Marketingbotschaft ansprechen? Das funktioniert nicht. Es geht nicht darum, allen zu gefallen, allen gerecht zu werden und zu glauben, jeder braucht Ihr Produkt oder Leistung. Wenn Sie versuchen jeden Markt und Kunden zu beackern, dann wird Ihre Kommunikation so oberflächlich, dass Sie letztlich niemanden erreichen. Es ist wichtig, die Zielgruppe so gut wie möglich einzugrenzen. Je genauer Sie Ihren Wunschkunden definieren, desto zielgerichteter ist die Kundenansprache - und desto weniger Geld werden Sie für Marketing verbrennen.

Verständnis der Zielgruppe ist ein wichtiger Erfolgsfaktor

Es reicht nicht aus, nur zu wissen, wen Sie ansprechen wollen – entscheidend ist, dass Sie Ihre Zielgruppe wirklich verstehen. Eine der wichtigsten Aufgaben jedes Unternehmers ist es, die Bedürfnisse und Probleme seiner Kunden zu kennen. Nur wenn Sie Ihre Zielgruppe kennen und verstehen, sind in der Lage mit passgenauen Marketingmaßnahmen Ihre Zielkunden anzusprechen. Haben Sie Ihre ideale

Zielgruppe erst einmal definiert und ein Gespür für ihre Wünsche und Herausforderungen entwickelt, verändert sich automatisch Ihre Kommunikation. Sie holen die Menschen genau dort ab, wo sie stehen, und bieten ihnen Leistungen an, die exakt auf ihre Bedürfnisse zugeschnitten sind.

Die Zielgruppe definieren

Grenzen Sie Ihre Zielgruppe so genau wie möglich ein. Bei der klassischen Zielgruppenanalyse liegt der Fokus auf Merkmalen wie Geschäftskunde oder Privatkunde sowie auf demografischen und soziografischen Faktoren wie Alter, Geschlecht, Wohnort, Beruf, Familienstand und Einkommen.

Diese klassische Abgrenzung greift meines Erachtens jedoch zu kurz. Der Verkauf Ihrer Produkte oder Dienstleistungen erfolgt in erster Linie über die Lösung eines Problems. Wenn Sie die Herausforderungen und Ziele Ihrer Kunden nicht kennen, läuft Ihre Kommunikation ins Leere – und Ihre Marketingmaßnahmen verpuffen ohne Wirkung. Entscheidend ist daher, sich in die Lage des Kunden zu versetzen. Ziehen Sie die Brille Ihres Kunden auf und fragen Sie: Welches Problem hat er? Welches Ziel möchte er erreichen?

Beginnen Sie beim Problem, nicht bei der Lösung.

Es geht immer darum, die Welt des Kunden besser zu machen, indem Sie für ihn ein bestimmtes Problem lösen. Ihre Zielgruppe wird in erster Linie dadurch definiert, dass sie ein gemeinsames Problem hat, das Sie für sie lösen können.

Definieren Sie daher eine Zielgruppe, die genau dieses Problem hat. Demografische oder soziografische Merkmale wie Alter, Geschlecht oder Beruf können bei der Zielgruppensegmentierung hilfreich sein. Doch erst über das **Merkmal „Problem“** wird Ihre Zielgruppe wirklich

greifbar. Schließlich können Personen mit ähnlichen demografischen oder soziografischen Merkmalen ganz unterschiedliche Probleme haben.
Ein Beispiel: Betrachten wir zwei alleinstehende 40-jährige Rechtsanwälte aus Frankfurt mit identischem Jahreseinkommen. Auf den ersten Blick scheinen sie zur gleichen Zielgruppe zu gehören. Doch bei genauerer Betrachtung zeigt sich:

- **Rechtsanwalt A** treibt fünfmal pro Woche Sport, ernährt sich gesund, trinkt keinen Alkohol und hält sein Idealgewicht mühelos.
- **Rechtsanwalt B** ernährt sich fast ausschließlich von Fast Food, trinkt regelmäßig ein Feierabendbier, ist sportlich völlig inaktiv und hat seit Jahren 25 Kilo Übergewicht.

Angenommen, Sie vertreiben ein innovatives Abnehm-Produkt. Welcher der beiden Anwälte ist für Sie relevant? Ganz klar: nur Rechtsanwalt B, denn er hat das Problem, das Ihr Produkt löst.

Dieses Beispiel zeigt, dass demografische und soziografische Merkmale allein nicht ausreichen, um eine Zielgruppe sinnvoll zu definieren. Entscheidend sind die **Wünsche und Probleme** der potenziellen Kunden. Erst danach sollten weitere Kriterien zur Verfeinerung der Zielgruppe herangezogen werden.

„Geld allein macht nicht glücklich.
Nach Steuern bleibt ohnehin nur die Hälfte zum
Glücklichsein."

– Andreas Görlich

Marketing und die vier Marketingelemente

Die alte Weisheit „Ein gutes Produkt verkauft sich von allein“ hat heute nur noch sehr eingeschränkt Gültigkeit. Ein hochwertiges Produkt oder eine exzellente Dienstleistung sind zwar die Grundlage für ein erfolgreiches Geschäft – doch allein dadurch entstehen noch keine Umsätze. Entscheidend ist, dass Ihr Angebot auch erfolgreich an den Mann oder Frau gebracht wird.

Marketing wird oft mit Werbung gleichgesetzt. Zwar gehört Werbung dazu, doch Marketing ist mehr. Marketing umfasst alle Maßnahmen zur erfolgreichen Vermarktung eines Produkts oder Dienstleistung. Um Marketing zu betreiben, brauchen Sie keine komplizierten wissenschaftlichen Methoden kennen. Vieles ergibt sich durch genaue Beobachtung und die Fähigkeit, sich in Ihre potenziellen Kunden hineinzuversetzen. Erfolgreiche Unternehmer kennen ihre Kunden und deren Bedürfnisse – und genau das ist die wichtigste Voraussetzung, um Marketingmaßnahmen gezielt und wirkungsvoll einzusetzen.

Marketing-Elemente:

Für die Vermarktung Ihrer Produkte oder Dienstleistungen stehen Ihnen vier zentrale Marketing-Elemente zur Verfügung: **Angebot, Preis, Vertrieb und Werbung.** Für ein erfolgreiches Marketing sollten Sie sich intensiv mit diesen vier Aspekten beschäftigen:

1. Angebot:

- Wer sind meine Kunden, und welche Bedürfnisse haben sie?
- Wie muss ich mein Produkt oder meine Dienstleistung gestalten, damit meine Kunden einen echten Nutzen haben?
- Wer sind meine Konkurrenten, und wie kann ich mein Angebot so entwickeln, dass es sich positiv von der Konkurrenz abhebt?

Im Abschnitt „Zielgruppe“ haben wir bereits geklärt, dass es für das Marketing von zentraler Bedeutung ist, die Zielgruppe zu definieren und ein tiefes Verständnis für ihre Situation zu entwickeln. Diese Erkenntnisse bilden die Grundlagen für Ihre gesamte Marketingstrategie.

Wie bringen Sie Ihr Angebot auf den Punkt? Die große Kunst besteht darin, Ihr Angebot in wenigen Sätzen klar und überzeugend zu formulieren – so verständlich und verlockend, dass der Kunde sofort Interesse zeigt. Eine hervorragende Hilfestellung bietet, der von Hermann Scherer entwickelte 100.000-€-Marketing-Satz, auch bekannt als die **„Ich helfe“-Botschaft**. Wenn Sie den nachstehenden Satz mit Ihren Angaben ergänzen, haben Sie das Fundament für Ihre Marketing-Botschaft geschaffen. Dieser Satz enthält alle wesentlichen Elemente, um Ihr Angebot verkaufsfördernd zu präsentieren.

100.000-€-MARKETING-FORMEL: DIE "ICH HELFE" -BOTSCHAFT

Ich helfe [Zielgruppe XY] dabei [Problem XY] zu lösen und [Ziel XY] zu erreichen, dass mache ich mit [Angebot XY oder Methode XY] ohne dass die Kunden ... [TUN, HABEN, SEIN müssen]

2. Preis:

- Welchen Preis kann ich für mein Produkt bzw. meine Dienstleistung verlangen?
- Soll ich mich bei der Preisgestaltung an der Konkurrenz orientieren?
- Was muss mein Produkt oder meine Dienstleistung mindestens kosten?
- Inwiefern sollte ich meine Preise differenzieren (z.B. je nach Region oder Kundengruppe)?

Die richtige Preisfindung ist für jedes Unternehmen elementar. Das beste Produkt oder die beste Dienstleistung bringen nichts, wenn sie sich nicht verkaufen lassen, weil der Preis zu hoch oder zu niedrig ist. Ja, auch ein zu **niedriger Preis,** kann abschreckend wirken. Interessenten nehmen bei zu niedrigen Preisen vielleicht Rückschlüsse auf die Qualität und werden vom Kauf abgeschreckt („für den Preis kann das nichts Gescheites sein"). Oder würden Sie einen Döner für 0,99 € kaufen? Wahrscheinlich nicht, weil Sie an der Qualität zweifeln würden.

Bei einem zu **hohen Preis** besteht das Risiko, dass Sie in „Schönheit sterben", weil niemand bereit ist, den überteuerten Preis zu zahlen.

Sie sehen schon, den richtigen Preis zu finden, ist eine Herausforderung. Der Preis muss so gestaltet werden, dass Sie einerseits damit Gewinn machen und Sie andererseits am Markt damit wettbewerbsfähig sind.

Wie gehen Sie vor, um den richtigen Preis zu finden?

Grundsätzlich gibt zwei Herangehensweisen: **kostenorientierter und marktorientierter Ansatz**. Bei Ihrer Preisfindung sollte Sie immer die Ergebnisse beider Ansätze einfließen lassen, um sich dem optimalen Preis anzunähern.

Beim **kostenorientierten Ansatz** steht im Mittelpunkt die Frage „Wie hoch muss der Preis sein, damit die Betriebskosten und ein Unternehmerlohn gedeckt sind? Im ersten Schritt ermitteln Sie Ihre betrieblichen Kosten. Die Kosten teilen sich in variable und fixe Kosten. Während die variablen Kosten von der Menge des hergestellten Produkts oder Dienstleistung abhängig sind, entstehen Fixkosten auch ohne, dass etwas produziert wird (z.B. Miete, Versicherungen, IT-Kosten etc.). Nach dem Sie alle anfallenden Kosten zusammengerechnet haben, teilen Sie den Betrag durch die geplante jährliche Produktionsmenge. Das Ergebnis ist der **Selbstkostenpreis pro Einheit** – also die absolute Untergrenze dessen, was Sie für Ihr Produkt oder Ihre Dienstleistung verlangen können. Doch mit dem Preis sollen nicht nur die Kosten gedeckt werden – Sie wollen schließlich auch Gewinn erzielen. Deshalb muss ein Gewinnzuschlag in die Kalkulation einfließen. Dieser sollte mindestens Ihren Unternehmerlohn abdecken, der sich an Ihren privaten Lebenshaltungskosten (einschließlich Sozialabgaben, Steuern und Altersvorsorge) orientiert.

Letztendlich sollte der Preis nicht nur kostendeckend sein und einen Gewinnzuschlag enthalten – er muss auch marktfähig sein.

Der **marktorientierte Ansatz** bietet Ihnen den zweiten Orientierungsrahmen für Ihre Preiskalkulation. Je nach Art des Produkts kann eine Analyse der Preise Ihrer engsten Mitbewerber ein schneller und effektiver Weg sein, um eine angemessene Preisgestaltung zu finden. Achten Sie jedoch darauf, keine Äpfel mit Birnen zu vergleichen. Falls sich Ihr Produkt oder Ihre Dienstleistung in Qualität, Service oder Ausführung von der Konkurrenz unterscheidet, sollten Sie Zu- oder Abschläge auf den recherchierten Preis vornehmen.

Sie können auch im persönlichen Gespräch mit Wettbewerbern, etwas über die marktübliche Preisgestaltung herauszufinden oder „Scheinangebote“ einholen, um die Preise der Konkurrenz abschätzen zu können. Oder fragen Sie die Preisbereitschaft Ihrer Kunden ab: Machen

Sie selbst eine Marktumfrage, in dem Sie potenzielle Kunden persönlich oder auf Social Media ansprechen. Stellen Sie Fragen wie: Würden Sie das Produkt kaufen, wenn es X Euro kostet? Wenn nein, warum nicht?

Eine professionellere und teurere Möglichkeit ist, Umfragepanels von kostenpflichtigen Anbietern wie *SurveySwap, Toluna oder Meinungsstudie* zu nutzen. So bekommen Sie ein Feedback, ob Ihr angestrebter Preis realistisch ist.

Mit den Ergebnissen aus dem kostenorientierten und marktorientierten Ansatz erhalten Sie einen Orientierungsrahmen, in dem sich Ihre Preise bewegen sollten.

Preisstrategie festlegen

Nachdem Sie den Orientierungsrahmen für Ihre Preisgestaltung ermittelt haben, gilt es nun, eine Preisstrategie festzulegen. Dabei stellt sich die zentrale Frage: In welchem Preissegment soll sich Ihr Angebot bewegen? Dies sollte im Einklang mit Ihrem gesamten Leistungsportfolio und Ihrer generellen Positionierung stehen.

- **Hochpreisstrategie („Qualität hat ihren Preis"):** Wenn Sie sich für eine Hochpreisstrategie entscheiden, setzt dies zwingend voraus, dass Ihr Produkt oder Ihre Dienstleistung von höchster Qualität ist und den hohen Preis rechtfertigt. Ein erfolgreicher Auftritt im Premiumsegment erfordert zudem begleitende Marketingmaßnahmen, die Ihnen ein entsprechendes Markenimage verleihen. Beispiele für Premium-Marken sind *Apple, Porsche oder Rolex.*
- **Niedrigpreisstrategie („billiger als die Konkurrenz"):** Bei einer Niedrigpreisstrategie steht der günstige Preis im Mittelpunkt. Die Produkte haben nur eine Mindestqualitätsstufe, dafür erfolgt der Gewinn über hohe Verkaufszahlen. Der Nachteil: Kunden bleiben oft nur wegen des niedrigen Preises und wechseln zur Konkurrenz,

sobald diese noch günstiger ist. Typische Beispiele für Billigmarken sind Discounter wie *Lidl* oder *KiK.*

- **Mittelpreisstrategie („solides Preis-Leistungs-Verhältnis"):** Natürlich gibt es nicht nur Schwarz oder Weiß – eine Alternative ist die Mittelpreisstrategie, bei der ein durchschnittliches Preis-Leistungs-Verhältnis angestrebt wird.

Lassen Sie bei der Preisfindung auch Ihre generelle Unternehmensstrategie mit einfließen: Streben Sie eine Positionierung als **Qualitätsführer** (Hochpreisstrategie) oder **Kostenführer** (Niedrigpreisstrategie) an? Oder setzen Sie auf eine **Nischenstrategie**, bei der der Preis eine untergeordnete Rolle spielt?

Preisdifferenzierung? Ihr Preis muss auch nicht einheitlich sein – Sie können eine **Preisdifferenzierung** vornehmen, indem Sie Ihr Produkt oder Ihre Dienstleistung zu unterschiedlichen Preisen anbieten. Zum Beispiel können Sie differenzieren nach unterschiedlichen Kundengruppen (Firmen- oder Privatkunden), nach Regionen, nach Zeiten (Tageszeiten, Jahreszeiten, Saison) oder in Bezug auf die Absatzmenge (im Abo günstiger als eine Einzelbestellung).

Preise regelmäßig überprüfen? Ihre Preisliste ist nicht in Stein gemeißelt. Ändern sich die Rahmenbedingungen, müssen Sie Ihre Preise anpassen – andernfalls riskieren Sie, dass Ihr Unternehmen in eine finanzielle Schieflage gerät.

Kosten können steigen, Wettbewerber können die Preise senken, oder die Kundenbedürfnisse können sich ändern. Daher ist es wichtig, Ihre Preise regelmäßig zu überprüfen.

Wenn Sie eine Preiserhöhung vornehmen, kommunizieren Sie die Gründe dafür transparent. Kunden akzeptieren Preissteigerungen eher, wenn sie nachvollziehbar sind.

Tipp: Im Downloadbereich finden Sie Vorlagen für die Preiskalkulation für den Handel, Handwerk und Dienstleistungsbereich.

3. Vertrieb:

Wie soll Ihr Produkt bzw. Ihre Dienstleistung zum Kunden gelangen? Überlegen Sie, welche Vertriebswege für Ihr Geschäft infrage kommen. Es gibt eine Vielzahl an Vertriebswegen, die sich grundsätzlich in direkten und indirekten Vertrieb unterteilen:

- Direkter Vertrieb: Sie verkaufen Ihr Produkt oder Ihre Dienstleistung direkt an den Kunden.
- Indirekter Vertrieb: Der Verkauf erfolgt über Zwischenhändler oder andere Vertriebspartner.

Direkte Vertriebskanäle:

- Direktvertrieb am physischen Standort (z.B. Ladengeschäft)
- Vertrieb über das Internet und/oder über soziale Netzwerke (über eigenen Online-Shop oder über Marktplätze wie eBay oder Amazon)
- Außendienst
- Events, Messeauftritt, Verkaufspräsentationen
- E-Mail und Telefonvertrieb
- Netzwerk-Vertrieb

Indirekte Vertriebskanäle:

- Vertrieb über Zwischenhändler (z. Groß-Fach-, Einzelhandel oder selbständige Handelsvertreter)
- Franchising

- Vertrieb über Multiplikatoren (z.B. Berater, Influencer, Affiliates)
- Vergleichsseiten (z. B. Check24, Idealo)

Jeder Vertriebskanal hat seine eigenen Vor- und Nachteile, und nicht jeder Vertriebsweg eignet sich gleichermaßen für Ihr Angebot. Bei der Wahl der richtigen Vertriebswege sollten Sie verschiedene Einflussfaktoren abwägen, darunter Kosten, Produkt bzw. Dienstleistung, Zielgruppe, Markt- und Branchensituation sowie die Größe Ihres Unternehmens.

Die Wahl eines einzelnen Vertriebsweges reicht heute oft nicht mehr aus. Kunden informieren sich auf vielen Kanälen – im Geschäft, auf Ihrer Website, über Social Media, auf Marktplätzen oder Vergleichsseiten.

Daher lohnt es sich, auf mehrere Vertriebswege zu setzen. So steigern Sie Ihre Verkaufschancen und minimieren das Risiko, dass Ihr Geschäft ins Stocken gerät, wenn ein Vertriebsweg ausfällt.

4. Werbung:

„Wer nicht wirbt, der stirbt". Der Spruch klingt etwas extrem, trifft aber den Kern: Werbung ist in der Tat überlebensnotwendig. Ein Kunde kann Ihr Produkt bzw. Dienstleistung nur kaufen, wenn er sie kennt. Ohne Bekanntheit gibt es keine Kunden – und ohne Kunden keinen Umsatz. Unterschiedliche Werbemaßnahmen stehen Ihnen zur Verfügung, um die Aufmerksamkeit Ihrer Zielgruppe zu gewinnen. Neben den klassischen Werbemitteln spielt die digitale Werbung eine immer größere Rolle. Egal, ob klassisch oder digital – bevor Sie eine Kampagne starten, sollte eine gründliche Zielgruppenanalyse die Basis bilden. Ihre Werbung muss genau auf die Bedürfnisse und Gewohnheiten Ihrer Zielgruppe abgestimmt sein. Fragen Sie sich: Erreiche ich mit dieser Werbemaßnahme wirklich meine potenziellen Kunden? Wenn Ihre Zielgruppe aus Teenagern besteht, ist eine Anzeige in einer regionalen Tageszeitung wenig sinnvoll – stattdessen sollten Sie gezielt auf Social-Media-Kanälen aktiv werden. Konzentrieren sich auf Werbemaßnahmen, die einerseits auf Ihre Zielgruppe gerichtet sind und andererseits auch in Ihr finanzielles Budget passen.

Zu den **klassischen Werbemaßnahmen** zählen:

- Printwerbung (Tageszeitungen, Fachzeitschriften)
- Außenwerbung (Plakatwände, Werbetafeln, Pkw)
- Radio-, TV- oder Kinowerbung
- Gedruckte Werbemittel z.B. Prospekte, Werbeflyer
- Werbeartikel und Werbegeschenke
- Präsentation auf Messen oder Branchenveranstaltungen
- Sponsoring: bei Vereinen als Sponsor auftreten
- Eintrag in Branchen- und Firmenverzeichnisse
- Pressemeldungen, kostenlose Presseportale

Dies sind die gängigsten **digitalen Werbemaßnahmen**:

- Eigene Website und Suchmaschinenoptimierung
- E-Mail- Marketing
- Unternehmensblog bzw. -vlog
- Social-Media (z.B. Twitter, Facebook, Instagram, YouTube,)
- Online-Werbung (z.B. Google Ads, Facebook Ads)
- Affiliate-Marketing

Corporate Design entwickeln

Jeder Selbstständige braucht für seinen Außenauftritt gewisse Basics wie Visitenkarten, Briefpapier und eine Homepage. Wichtig ist ein professionelles Design (Firmenfarbe, Firmenschrift, Logo), das sich durch alle Medien durchzieht und ein einheitliches Erscheinungsbild schafft. Doch Vorsicht: Bitte nicht mit „Selbstgemachtem“ experimentieren – das wirkt schnell unprofessionell und billig. Kunden verbinden Ihr äußeres Erscheinungsbild oft direkt mit der Qualität Ihrer Leistungen.

Investieren Sie in Ihre Zukunft und holen Sie sich professionelle Unterstützung. Gutes Design muss nicht teuer sein.

Zwei Plattformen, die Ihnen bei der Entwicklung Ihres Corporate Designs helfen können:

- www. designenlassen.de
- www.99desgins.de

Der erfolgreiche Markteintritt

Die größte Herausforderung für jeden Gründer ist es, schnell einen ersten Kundenstamm aufzubauen – denn zufriedene Kunden sind die beste Werbung für neue Kunden. Mund-zu-Mund-Propaganda und Weiterempfehlungen spielen dabei eine zentrale Rolle.

Überlegen Sie, wie Sie Ihre ersten Kunden gewinnen wollen und welche Maßnahmen Sie dafür ergreifen. Hier einige bewährte Strategien für einen erfolgreichen Markteintritt:

- **Event-Marketing:** Klassische Eröffnungsfeier, Stand auf einer Messe, Teilnahme an Veranstaltungen oder eigenen Events.
- **Pressemitteilungen:** Versenden Sie Pressemitteilungen an lokale Medien, Blogger oder kostenlose Presseportale (z. B. www.openpr.de).
- **Test- und Einstiegsangebote:** Probefahrten für Autos, kostenloses Erstgespräch bei Steuerberatern oder Anwälten, Probemonat im Fitnessstudio oder eine Testversion einer Software. Im Online-Geschäft sind „Freebies“ (kostenlose E-Books, Checklisten etc.) ein bewährtes Mittel zur Kundengewinnung.
- **Print-Anzeigen:** Schalten Sie Anzeigen in lokalen Zeitungen oder Fachmagazinen.
- **Online-Anzeigen:** Nutzen Sie Google Ads, Facebook Ads oder Inserate auf Kleinanzeigen- und Fachportalen.
- **Social Media:** Bewerben Sie Ihre Geschäftseröffnung und spezielle Eröffnungsangebote über Facebook, Instagram, LinkedIn & Co.
- **Affiliate-Marketing:** Kaufen Sie Werbeflächen auf Homepages, Blogs oder YouTube-Kanälen, um Ihre Reichweite zu erhöhen.

- **E-Mail-Marketing:** Versenden Sie gezielte Newsletter oder Werbe-E-Mails mit Ihrem Angebot.
- **Eigene Homepage & Blog:** Erstellen Sie eine professionelle Website und nutzen Sie einen Blog, um Fachwissen zu teilen.
- **Flyer:** Verteilen Sie Flyer an Orten, wo sich Ihre Zielgruppe aufhält.
- **Plakatwerbung & Autowerbung:** Nutzen Sie Außenwerbung wie Plakate oder Fahrzeugbeschriftungen, um Aufmerksamkeit zu generieren.

Mit diesen Maßnahmen schaffen Sie eine solide Basis für Ihren Markteintritt und erhöhen Ihre Sichtbarkeit bei potenziellen Kunden.

TIPP: ZIELGRUPPEN-BESITZER „ANZAPFEN“

Suchen Sie die Top Zielgruppen-Besitzer, die bereits Ihre Zielgruppe besitzen und analysieren Sie, wie und wo sie Werbung machen. Lernen Sie von ihnen. Diese Plattformen und Personen können Sie für Ihre Werbung „anzapfen“:

- Top 10 Websites, Magazine und Blogs
- Top 10 Facebook-Gruppen
- Top 10 Influencer Facebook, Instagram & Co.
- Top 10 YouTube Channels
- Top 10 Podcasts
- Top 10 Newsletters

Schlusswort und persönliche Bitte

Glückwunsch, Sie haben meinen Ratgeber durchgearbeitet! Hat Ihnen mein Buch gefallen und hat es Sie motiviert, Ihre Selbstständigkeit zu realisieren? Dann sollten Sie jetzt keine Zeit mehr verlieren und den Startschuss geben. Nutzen Sie das Momentum! Das Wichtigste ist, in Bewegung zu kommen. Machen Sie jetzt einen Umsetzungsplan. Er muss nicht perfekt sein, er sollte Ihnen aber den Impuls geben, in den nächsten 72 Stunden die ersten Schritte zu gehen. Hier gilt: *Done is better than perfect!*

Eine persönliche Bitte zum Schluss: Wenn Ihnen das Buch gefallen hat und Sie es über Amazon gekauft haben, dann wäre ich für eine Rezension auf Amazon sehr dankbar. Ihre Rezension hilft meinen Büchern nicht nur, auf Amazon sichtbarer zu werden, sie hilft auch, diese ständig zu verbessern. Ein Buch lebt und es lebt vor allem durch den Leser! Ich würde mich sehr freuen, wenn Sie dieses Buch offen und ehrlich bewerten. Vielen Dank für den Kauf meines Ratgebers und viel Erfolg mit der praktischen Umsetzung seiner Inhalte!

Ihr Andreas Görlich

Geschenk für Rezensenten

Als Dankeschön für eine Bewertung auf Amazon möchte ich Ihnen gerne meinen Bestseller *Steuern, aber lustig! Steuertipps für Existenzgründer und Jungunternehmer* als E-Book im Wert von 24,99 € schenken. Der Ratgeber gehört zu den Steuerklassikern und wurde bereits mehr als 10.000-mal verkauft. Schreiben Sie dazu einfach eine E-Mail an *hallo@steuern-aber-lustig.de*, nachdem Sie Ihre Rezension auf Amazon eingestellt haben.

Der Autor

Diplom-Kaufmann **Andreas Görlich** ist Steuerberater, Gründungsberater und Dozent für Existenzgründerseminare mit einer ambitionierten Mission: dem „steuerlichen Laien“ die staubtrockene und vermeintlich komplizierte Welt der Buchungssätze und Steuerparagrafen verständlich und auf erfrischende Art zu vermitteln. Im Rahmen seiner Beratungs- und Dozententätigkeit hat er bereits mehr als 1.000 Existenzgründer auf dem Weg in die Selbstständigkeit begleitet.

Seine Ratgeber begeistern bereits Zehntausende Leser!

Die Wirtschaftszeitung Handelsblatt hat Steuerberater Andreas Görlich 2024 zum wiederholten Mal mit dem Siegel „Beste Steuerberater“ ausgezeichnet. Veröffentlicht in der Handelsblatt-Spezialausgabe „Deutschlands beste Steuerberater und Wirtschaftsprüfer“ vom 14.03.2024 – im Test waren 4.303 Steuerberater.

Steuern, aber lustig!

Wenn Sie **frei von Juristendeutsch** und **unterhaltsam statt bierernst** lernen wollen, wie Sie Ärger mit dem Finanzamt vermeiden und nie mehr einen Euro ans Finanzamt verschenken, dann ist ***Steuern, aber lustig!*** für Sie die richtige Wahl!

Mehr als 10.000 Selbstständige vertrauen bereits auf den **STEUER-KLASSIKER!**

- ✓ Sie bekommen Steuerwissen frei von Juristendeutsch vermittelt, ohne Paragrafen und Gesetzestexte lesen zu müssen.
- ✓ Sie erhalten statt grauer Theorie eine Vielzahl von praxistauglichen Tipps.
- ✓ Mehr von Ihrem hart verdienten Geld landet in Ihrem Geldbeutel statt in der Kasse des Finanzamts.

Startschuss digitales Büro

Investieren Sie nur 3 Stunden Lesezeit in meinen Ratgeber ***Startschuss digitales Büro*** und Sie werden überrascht sein, wie schnell und einfach Sie digitaler und produktiver im Büro arbeiten können.

Schritt für Schritt lernen Sie alles, was Sie brauchen, um Ihren Schreibtisch vom lästigen Papier zu befreien und Ihren Büroalltag auf eine digitale und effizientere Arbeitsweise umzustellen. Sie können direkt ohne IT-Vorkenntnisse und teure Soft- und Hardware loslegen!

Eine Investition in eine digitalere und produktivere Arbeitsweise gehört zu den besten Investitionen, die Sie machen können. Denn schließlich ernten Sie die Erträge Ihr ganzes Büroleben lang. Nur ein Tipp umgesetzt und 5 Minuten tägliche Arbeitszeit eingespart – und schon hat sich die Investition in dieses Buch für Sie mehr als bezahlt gemacht.

Platz für Ihre Notizen

Printed in Poland
by Amazon Fulfillment
Poland Sp. z o.o., Wrocław